Rudolf Wienands
Grundlagen der Gestaltung zu Bau und Stadtbau

Illustrationen
unter Mitarbeit von Thomas Feile

Birkhäuser Verlag
Basel · Boston · Stuttgart

CIP-Kurztitelaufnahme der Deutschen Bibliothek

Wienands, Rudolf:
Grundlagen der Gestaltung zu Bau und Stadtbau /
Rudolf Wienands. Ill. unter Mitarb. von Thomas Feile. –
Basel ; Boston ; Stuttgart : Birkhäuser, 1985.
ISBN 3-7643-1687-X

Buchgestaltung: Albert Gomm swb/asg, Basel
Maquette: Justin Messmer
Printed in Germany

ISBN 3-7643-1687-X

Inhalt

Wozu Gestaltungs-Grundlagen?

Die klassischen Anforderungen an ein Bauwerk – Schönheit, Nützlichkeit, Festigkeit – müßten für das heutige Bauen zumindest in umgekehrter Reihenfolge zitiert werden. Tatsächlich aber gelten heute andere Anforderungen: Wirtschaftlichkeit bei der Herstellung und im Betrieb, Funktionalität, Gestaltung.

Gestaltung soll sich dabei aus der Funktion und Konstruktion von allein ergeben. Daß dies nicht immer der Fall ist, zeigt uns bei jeder Fahrt ein Blick durch das Auto- oder Zugfenster auf die gebaute Alltagsarchitektur, gleichgültig in welchem Landesteil.

Oftmals scheint nicht Schönheit, sondern größtmögliche Häßlichkeit das Ziel gewesen zu sein. Bauen als Umweltzerstörung trat an die Stelle des spannungsvollen, bereichernden Gegensatzes zwischen Baukunst und Natur.

Der Mensch sucht in seiner gebauten Umwelt immer beides: einerseits sichtbare Zeichen der Ordnung, Einbindung, Gleichartigkeit zur Befriedigung seines Ordnungsbedürfnisses, andererseits Elemente der Offenheit, Lockerheit und Verschiedenartigkeit zur Befriedigung seines Freiheitsbedürfnisses. Ein Übermaß des ersteren, der Ordnung und Gleichartigkeit, wird leicht als Monotonie erlebt.

Heute jedoch dominiert fast immer das zweite Element, die Verschiedenartigkeit, Offenheit, Unordnung – bis hin um Chaos –, und das nicht nur im gewerblichen Bauen entlang der Hauptverkehrsstraßen, sondern auch in Wohngebieten, Verwaltungszentren und Hauptgeschäftsstraßen.

Wie konnte es dazu kommen, daß beim einzelnen jedes Gefühl dafür verlorengegangen zu sein scheint, daß ein Bau durch bescheidene Zurückhaltung, durch Einbindung in die Umgebung auch von dieser getragen wird; in eine nächstgrößere Gestalt aufgenommen und durch diese ‹Übersummen-Wirkung› mehr aufgewertet wird als durch alle krampfhaft prätentiösen Versuche, die einen eitlen auffälligen Bau stets von seiner Umgebung isolieren.

Neben den sozialen Kräften, die uns heute – vom Kindergarten angefangen – darauf dressieren, herauszuragen, aufzufallen, zu dominieren, sind es vor allem auch die enorm vergrößerten Wahlmöglichkeiten, die uns zu schaffen machen – und die die vielbewunderte Gleichartigkeit früherer Bauepochen nur als Tugend der Not erscheinen lassen.

Wir haben heute eine ungeheuer vervielfachte Auswahl an Vorbildern, Ideologien, Baumaterialien und Herstellungsverfahren, wodurch das Gleichgewicht zwischen Gleichartigkeit und Verschiedenartigkeit zugunsten der letzteren verschoben wird.

Um so nötiger wäre zum Ausgleich mehr Gestaltungs-Bewußtsein, mehr Gestaltungs-Wissen, zur Kompensation einer aus den Fugen geratenen Bautradition.

Aber gerade das Gegenteil ist der Fall!

Über die Form und das Formen, das Gestalten von Bauten spricht man nicht. Ein ‹anständiger› Architekt bemüht sich nicht um so falsches Blendwerk wie

Fassaden; Gestaltung hat sich allein aus Nutzung und Konstruktion zu ergeben. Das ist noch immer die im Hintergrund vorherrschende Architektur-Ideologie.
Mit deren allgemeiner Verbreitung in den letzten 50 Jahren wurde all das berufsspezifische Gestaltungs-Wissen von Jahrhunderten über Bord geworfen. Der Architekt als Sachwalter des Schönen fühlte sich von nun ab, einem sachlichen Zeitgeist entsprechend, immer mehr den Sachinteressen wie Kosten, Funktion, Produktion usw. verpflichtet und opferte einen großen Teil seiner in Jahrhunderten ererbten und bewährten Berufstradition.
Nun könnte man einwenden, Gestalten verlange Können, nicht Wissen, ja, Wissen über Gestaltung – wie alle Wissenschaft – sei das diametrale Gegenteil von Gestalten.
Wollen wir Wissen über einen Sachverhalt erlangen, haben wir keine andere Möglichkeit, als diesen Gegenstand der Betrachtung in immer neue und kleinere Teile bzw. Teilgebiete zu zerlegen und aufzugliedern, um so über das bessere Verstehen der Einzelteile zu einem erweiterten Verständnis der Ganzheit zu kommen. Die Ganzheitseigenschaften der Gestalt kommen dabei meist zu kurz.
Gestaltenkönnen verlangt eine gegenteilige Grundhaltung, nämlich ein Sammeln, Vereinen und Synthetisieren unterschiedlicher Teile oder Aspekte zu einer geschlossenen – wenn auch gegliederten – Ganzheit oder Gestalt.
Wie bei jeder komplexen Tätigkeit, bei jedem Können – vom Skifahren bis zum Klavierspielen – kann auch beim baulichen Gestalten das praktische Üben und Können durch ein begleitendes Bewußtsein gefördert und der Zeitaufwand für das Erlernen bereits vorhandener Erfahrenswerte ganz entscheidend gekürzt werden.
Die nachfolgende Zusammenstellung von bau- und stadtbaubezogenen Gestaltungs-Grundlagen soll ein Versuch sein, solche Erfahrungswerte als Hilfsmittel beim Erarbeiten von mehr Gestaltqualität in Erinnerung zu rufen.

1 Gestalt-Begriff

1.1 ZUR KLÄRUNG DES GESTALT-BEGRIFFS

Welche Bedeutung umfaßt dieser schillernde Begriff: Gestalt? Welche Inhalte stecken in dieser heute wieder so beliebten Worthülse?
Werfen wir dazu einmal einen Blick in ein philosophisches Lexikon: «Gestalt: Anschaulich räumliche Form wahrnehmbarer Gegenstände.»
Und auf den Menschen bezogen: «Die Seele ist ihrem Wesen nach auf Gestaltung schlechthin angelegt. Hochentwickelte Strukturen des Bewußtseins (wie z. B. die des Menschen) tendieren nach Geschlossenheit, Einheitlichkeit, Einfachheit, Regelmäßigkeit, nach Symmetrie und Eingliederung in die bevorzugten Raumrichtungen (also senkrecht und waagrecht), tendieren auf Zügigkeit aller Kurven oder Umrisse, kurz auf Prägnanz.
Immer ist das Bewußtsein so disponiert, daß in einem Beieinander von Wahrnehmung vorzugsweise das möglichst Einfache, Einheitliche, Geschlossene, Symmetrische sich in die Hauptachsen des Raumes Einfügende wahrgenommen wird.
Die Bedeutungen von Gestalt beziehen sich also
im Physischen auf ein Objekt auf die äußere Form (Umriß) eines Gegenstandes,
in der Philosophie auf die innere Struktur des Gegenstandes, die Regeln, die den Zusammenhalt und Zusammenhang der Teile bestimmen,
und in der Psychologie auf die Ganzheit einer Begebenheit, z. B. eines Ereignisses, Erlebnisses oder Gefühls und nicht nur auf die Summe der Teile.
Der Gestalt-Begriff also hat aufs engste zu tun mit unserem Wahrnehmen. Unsere Wahrnehmungen sind die Ursache, die Auslöser all unserer Empfindungen und Gedanken.
Gestalt ist also nicht nur an das Objekt gebunden, sondern Gestalt ist auch eine Leistung, und zwar eine Leistung unserer Sinne, mit denen wir die verschiedenen Einzelwahrnehmungen aufnehmen und diese dann zu einem Gesamt-Eindruck vereinen, einschmelzen, zusammenziehen.
Die Leistung besteht in dem Willen, die Umwelt, d. h. die verschiedensten Sinneseindrücke in Form von Reizüberlagerungen, die wir mit allen Sinnesorganen gleichzeitig aufnehmen, zu ordnen, sie in Gestalten (das sind möglichst einfache, klare Gebilde) zu gruppieren.

Die Leistung besteht also darin, die verschiedensten überlagernden Wahrnehmungsreize zu interpretieren, oder anders, sie in einen geordneten Zusammenhang zu bringen, um dadurch die unendliche Fülle und Komplexität entscheidend zu reduzieren.

Daß wir hier z. B. eine 2 und nicht einfach 10 Punkte lesen oder z. B. ein K und ein H und nicht einfach 6 Striche lesen ist unsere Wahrnehmungsleistung.

Die Psychologie hat versucht, das Wahrnehmen des Menschen, diese Summe höchst komplexer Vorgänge, wissenschaftlich und systematisch zu untersuchen.
Wissenschaftliches oder systematisches Vorgehen heißt allgemein:
eine unübersichtliche Ganzheit wird in ihre Bestandteile zerlegt,
diese Elemente werden dann einzeln untersucht, meist indem sie in noch kleinere Elemente zerlegt werden usw.,
es wird versucht, die Beziehungen zwischen den Elementen, in ihrer Summe – die Struktur – zu verstehen, um durch dieses mehrfache Zerlegen der Teile auch zu einem besseren Verständnis der Ganzheit zu kommen.
Die Ganzheiten oder Gestalten werden dabei – zum Zwecke der Erkenntnissuche – immer weiter zergliedert, zerrissen, gespalten.
Gegen das Übertragen dieser sog. atomistischen oder wissenschaftlichen Betrachtungsweise auf Gegenstände der Psychologie, wie z. B. Erlebnis, Gestalten, Gefühl usw., entwickelte sich um die Jahrhundertwende ein starker Widerstand.
Das Zerlegen einer Gestalt, einer Klang-Gestalt, z. B. eines Musikerlebnisses in einzelne psychologische Elemente, z. B. Empfindungen, Reiz-Schwellen usw., wurde als unzureichend erkannt, um die Ganzheit einer Gestalt wirklich umfassend zu beschreiben.
Diese Kritik an der üblichen wissenschaftlichen Methode des Zerlegens von Ganzheiten, die etwa um 1890 mit Ehrenfels einsetzte, entwickelte sich dann ab 1912 unter

der Führung von Wertheimer zu einer eigenen Richtung oder Schule innerhalb der *Wahrnehmungs-Forschung und Psychologie – zur ‹Gestalt-Psychologie›.*
Weitere wichtige Namen auf dem Gebiet der Erforschung menschlicher Wahrnehmung unter dem Ansatz der Gestalt-Psychologie mit Daten wichtiger Veröffentlichungen:

Köhler: 1920, Koffka: 1935, Katz: 1940,
Metzger: 1940.

Wie kann man nun das, was man als gute oder schlechte Gestaltung empfindet, dieses Mehr oder Weniger an Gestalt-Qualität, einem Bürger- oder Bäckermeister, einem Land- oder Gastwirt, etwas detaillierter erklären, als mit dem üblichen:

«ich finde, ich fühle usw.»

Dazu werden drei Gestalt-Eigenschaften, Gestalt-Merkmale oder Gestalt-Gesetze herausgegriffen, wie sie von der Gestalt-Psychologie für alle Arten von Gestalten, von Erlebnissen, Gefühlen, bis zu greifbaren Objekten, ganz allgemein formuliert wurden:

Ganzheitsprinzip – Figur-Grund-Wirkung – Prägnanz.

Diese von der Gestalt-Psychologie um die Jahrhundertwende erforschten Grund-Prinzipien der Wahrnehmung von Gestalten sind so allgemein gültig, daß man sie als gesetzmäßige Fixierung, als sog. Gestalt-Gesetze, bezeichnen kann.
Werden diese Prinzipien bei der Gestaltung baulicher Objekte beachtet, so lassen sich dadurch wesentlich höhere Gestalt-Qualitäten erreichen, als es z. B. durch den Erlaß von Gestaltungs-Satzungen jemals möglich wäre.

Die Begriffe ‹Gestalt› oder ‹Gestaltung› oder ‹Gestalt-Qualitäten› sind in jüngster Zeit zum führenden Schlagwort im Architekturgespräch geworden.
Jedoch nicht nur Architekten, auch Boulevardpresse, Werbung und Politik bedienen sich dieser Worthülsen als Ausdruck einer weitverbreiteten Sehnsucht nach dem Heilen, dem Ganzen, dem Einheitlichen, in einer von Zerrissenheit geprägten Zeit.
Wie immer, wenn über etwas viel geredet wird, wenn irgendein Thema, wie z. B. jetzt die ‹Stadt-Gestalt›, ins öffentliche Bewußtsein und Gespräch gerückt wird, liegen die Ursachen für die häufige Verwendung solcher Begriffe im auffälligen Mangel oder Fehlen der damit bezeichneten Qualitäten begründet.
Erst der wahrnehmbare Übelstand, erst die störende, nicht mehr passende Form führt zum Bewußtsein, zum Gespräch, zur Artikulation dieses Mangels. Denn wenn alles klappt und sich niemand gestört fühlt, bleibt der Sachverhalt im unbewußten Hintergrund.
Gemessen an der breiten öffentlichen Diskussion muß der Verlust an Gestalt-Qualitäten im Baulichen, Städtebaulichen also schon sehr groß sein und es gibt eine Fülle von Theorien und Vorschlägen, wie diese Fehlentwicklungen im Städtebau wieder in den Griff zu bekommen sind.
Dabei wird meist übersehen, daß der gewaltige Gestaltverlust auf dem baulichen und städtebaulichen Sektor nur die letzte Darstellung, Sichtbarwerdung oder Kristallisation von

Gestaltverlusten und Zersetzungs- und Auflösungs-Prozessen in allen anderen Lebensbereichen ist.

Architektur ist meist nur Diagramm der Kräfte ihrer Zeit, mehr Ergebnis oder Abbild, selten Werkzeug zur Veränderung.

1.2 GESTALT-VERLUSTE

Der vielbeklagte Gestalt-Verlust in Architektur und Städtebau ist also nur Abbild für ein gesamtgesellschaftliches Fehlen bzw. Zersetzen, Individualisieren und Atomisieren von Zusammenhängen oder Gestalt-Qualitäten auf allen Lebensbereichen:

In der Kunst:
Schon seit einem Jahrhundert wurden von den bildenden Künsten die gesellschaftlichen Auflösungs- und Zersetzungserscheinungen vorweg geahnt. Waren es am Anfang nur die Auflösungen von Farbflächen in Punkte, später die Ablösung der Farbe als Eigenwert von der Form, gefolgt von einer Zergliederung der Gestalten mit Neukomposition der einzelnen Formteile, so wurden später entweder nur Farbwerte, Formaussagen oder Herstellungstechniken isoliert herausgestellt.

Im Geistigen:
Das gesamte Wissen unserer Kultur wächst exponential. Immer tieferes Eindringen in den Einzelwissenschaften bewirkt eine wachsende Spezialisierung mit ständig neuen Abspaltungen, Aufsplitterungen der bestehenden Forschungsbereiche. Immer spezialisiertere Fachsprachen ermöglichen eine immer raschere quantitative Ausdehnung mit ständig wachsendem Abstand untereinander. Immer größere Wissenstiefe auf Kosten immer geringerer

Querbezüge und Zusammenhänge sowie immer mehr freigesetztes Wissen für eine immer breitere Leserschicht aufbereitet, bedeuten ein Veränderungs- und Auflösungs-Potential ohnegleichen.

Im Psychischen:
Die persönlichen und hier besonders die intimsten Glückserwartungen haben durch die gewaltige Verbreitung psychologischen und pseudo-psychologischen Wissens erheblich dazu beigetragen, sich stets noch weit entfernt vom Glück zu glauben.
In den größeren Lebensgemeinschaften früherer Zeiten haben die persönliche Erfüllung sowie die heute immer verbreiterten ‹Selbstverwirklichungs-Erwartungen› keine derartig zentrale Rolle gespielt.
Heute dagegen gibt es für die große Mehrheit ein noch nie dagewesenes Bewußtsein über noch perfektere Genußmöglichkeiten in allen Lebensbereichen. Der Zuwachs an Freizeit, Freiheit und das Wissen um immer vollkommenere Genuß- bzw. Selbstverwirklichungs-Chancen haben zur Folge, daß auch in dem Lebensbereich, der Entspannung und Erholung von einem wachsenden Erfolgszwang ermöglichen soll, der Leistungsdruck bis in die letzten und intimsten Frei- bzw. ‹Freizeit›-Räume vordringt. Immer häufiger wird daher ein Ausbrechen aus den noch verbliebenen Lebensgemeinschaften der Kleinfamilie zum letzten Ausweg.
Im gleichen Maße, wie die Selbstverwirklichungs-Chancen des Einzelnen zunehmen, sinkt die Notwendigkeit, den Schutz und Halt der Familie als nächsthöherer Sozial-Gestalt mit allen daraus resultierenden Verpflichtungen in Anspruch zu nehmen. Auch hier erweist sich ein Mehr an Zusammenhang, d.h. ein Mehr an Gestalt-Qualitäten, als eine Tugend der Not, die mit zunehmender Autonomie und ‹Befreiung› des Einzelnen verlorengeht.

Im Sozialen:
Auch im Sozialen eine Entwicklung weg vom Zusammenhang, z.B. vom Zusammenleben in den traditionellen Familienverbänden der Sippen und Großfamilien aus der Zeit um die Jahrhundertwende mit der Entwicklung zu immer kleineren Kleinfamilien heute. Die Tendenz geht bekanntlich weiter zu immer autonomeren, unabhängigeren, aber dabei gleichzeitig immer isolierteren und schutzloseren Individuen.
Die Sozialstatistiken mit den rapide anwachsenden Zahlen von immer früher aus der Familie ‹aussteigenden› Jugendlichen und immer zahlreicheren Einzelpersonenhaushalten sowie das Problem der mangelnden Alten-Integration belegen diese Auflösungstendenz für fast sämtliche Sozial-Gestalten.

Im Wirtschaftlichen:
Die Produktion eines Gegenstandes wird in immer kleinere, hochspezialisierte Teilfertigungsabschnitte zergliedert. Die immer optimiertere Fertigung von immer stärker aufgeteilten Teilprodukten, oft auf verschiedene Kontinente verteilt, ist begleitet von immer weniger Freude am Schaffen von Gestalten, von immer weniger Selbstverwirklichungsmöglichkeiten durch den im unsichtbaren verbleibenden Endzweck. Immer mehr Menschen müssen daher Freude und Befriedigung in anderen Tätigkeiten außerhalb ihres Broterwerbs suchen, mit der bekannten Aufspaltung von Arbeitszeit und Freizeit als Folge. Auch im Tagesablauf kennen wir ja schon lange die Zersetzung einer Tag-Gestalt in viele kleine Zeit-Teile mit Hilfe von Stunden-Plänen, Termin-Plänen und abends noch Fernseh-Plänen usw.

Im Geographischen:
All diese Auflösungs-Tendenzen zeigen sich dann auch an den Gestalten unserer physischen und baulichen Umwelt. Der vielbeklagte Gestalt-Verlust in Landschaft, Bau und Städtebau ist nur eine Abbild-Sichtbarwerdung für ein gesamtgesellschaftliches Fehlen bzw. Auflösen von Zusammenhängen.
So ist auch der Verlust von Landschafts-Gestalten im weiten Umfeld unserer Städte nur Kristallisation oder Ergebnis der Kräfte unserer Zeit.
Immer mehr Natur- oder Kultur-Landschaften werden zerrissen, zerschnitten, regelrecht geschlachtet – natürlich immer aus guten und wichtigen (Einzel-)Begründungen. Immer weitere letzte Reste von intakten Landschafts-Gestalten werden zersiedelt in unserer Zeit, die auch noch stolz ist auf ihre Ideologien der Offenheit, ‹Freiheit›, Grenzenlosigkeit.
Die Gestalten der Natur, in vielen Jahrtausenden entstanden, oder Kultur-Landschaften in Jahrhunderten intensiver Pflege gewachsen, werden in wenigen Jahren geopfert durch eine kurzlebige Überbewertung einer isolierten Teilfunktion. Nicht der Gestalt-Wert, sondern der Nutz-Wert bestimmt heutiges Handeln. Dabei tritt Ausbeutung anstelle von Pflege, wie in den letzten Erholungs-Landschafts-Gebieten am rücksichtslosen Auswechseln der ‹Milch-Melk-Maschinen›durch ‹Rendite-Melk-Maschinen› aller Art anschaulich zu beweisen ist.

Im Städtebaulichen:
Verflochtene Stadtobjekte zerfallen in Nutzungs- und schichtspezifische Einzelquartiere, beziehungslose Einzelüberbauungen, isolierte Monumente und noch weiter in zergliederte und auf einen Teilzweck spezialisierte Einzelbauteile. Zerlegung wird konzeptionelles, formales Leitmotiv.

Gestern bildeten die Städte noch stark zusammenhängende Objekte, in denen alle Straßenräume zusammen ein engmaschiges Gebilde, ein Stadt-Objekt, formten. In diesen Städten bildeten noch alle Nutzungen – also Wohnen, Arbeit, Gewerbe, Handel usw. – ein zusammenhängendes Nutzungs- oder Funktionsgeflecht.
Heute dagegen fallen die Quartiere – nach Funktionen getrennt – auseinander:
Gettos für Verwaltung, für Industrie, fürs Wohnen gruppieren sich ohne Zusammenhang und ohne klare Grenzen um die alten Stadtkerne, zersetzen die Landschaft.
Aus der Geschlossenheit eines alten Stadt-Objektes mit seinen vielschichtigen Zusammenhängen wird mehr und mehr ein zusammenhangloses Nebeneinander isolierter Teilfunktionen, die zwar jede in sich optimiert und höchst spezialisiert werden (wie z. B. Verkehr), aber gerade dadurch den Zerfall der Ganzheit verursacht haben.
Immer besseres Funktionieren der Teile auf Kosten einer immer weniger funktionierenden Ganzheit.
Wie in allen Lebensbereichen, so können wir auch im Städtebau die Auflösung gewohnter Zusammenhänge, d. h. den Verlust von Gestalt-Qualität, beobachten – als Folge einer einseitigen Optimierung von Teilen und einer mangelnden Sicht für das Ganze.

Im Baulichen:
Schon die unselige Spaltung in Architektur und Städtebau gehört mit in diesen Zusammenhang, so daß oft übervereinfachte Stadt-Bau-Konzepte, die evtl. auf eine Kompensation durch Detail-Reichtum im Baulichen angelegt waren, bei der getrennten Weiterbearbeitung im Baulichen mit einer wiederum übervereinfachten merkmalsarmen Architektur nicht ausgeglichen, sondern zu schrecklichen Übervereinfachungen gesteigert wurden.
Oder man betrachte einmal die Ganzheit einer Straßen-Raum-Gestalt von gestern als einem vielschichtigen Erlebnis-Raum für Menschen.
Was ist durch die fortschreitende Spezialisierung und Optimierung, z. B. von einer Funktion, nämlich der des Verkehrs, daraus geworden?

«Eigentlich aber, weil die meisten Menschen selbst formlos sind, weil sie sich und ihrem Wesen selbst keine Gestalt geben können, so arbeiten sie, den Gegenständen ihre Gestalt zu nehmen, damit ja alles loser und lockerer Stoff werde, wozu sie auch gehören» (J. W. v. Goethe, Lehrjahre).
Die einseitige Optimierung der einzelnen Verkehrs-Anforderungen hat die Ganzheit einer Straßen- und Stadt-Gestalt zerstört.
Aber auch die Wohnbauten wurden optimiert, nach Norden liegt die Erschließung, nach Süden hat jede Wohnung einen Balkon, auch wenn die unbeachtete Ganzheit dieser neuen Städte dann so disfunktional ausfällt, daß man am besten gleich alle Fenstervorhänge nie mehr aufmacht.
Hier zeigen sich die Kräfte unserer Zeit mit ihrer hochspezialisierten, technokratischen Weltanschauung, in der immer neue Spezialgebiete oder isolierte Einzelwissenschaften, losgelöst voneinander, ihre jeweiligen Teilerkenntnisse oder Teilfunktionen optimieren, wodurch die Ganzheiten oder Gestalten auf der Strecke bleiben.
Als neueste Errungenschaft in dieser Spaltungsreihe gibt es nun spezialisierte ‹Stadt-Gestalter›.
Architektur machen, gestalten jedoch, bedeutet das direkte Gegenteil, verlangt die gegenteilige Grundhaltung, nämlich nicht das durch immer höhere Spezialisierung bewirkte Auflösen, sondern ein Sammeln, Vereinen, Überlagern, Zusammenziehen, Verdichten, Synthetisieren unterschiedlichster Sachen und Anforderungen zu alles vereinenden funktionierenden Ganzheiten oder in sich geschlossenen Gestalten.
Damit haben wir eine wesentliche Ursache für den Verlust an Gestalt-Qualität auf allen Lebensgebieten, eine Art gemeinsamer Nenner, erkannt:
Nämlich den Grad des Zusammenhangs als eine der wichtigsten Ursachen für hohe oder geringe Gestalt-Qualität.
Die Zusammenhangs-Wirkung wird von der Gestalt-Psychologie durch das sog. Übersummen-Prinzip oder Gesetz der Ganzheit formuliert (s. Seite 17).

Gestalt-Verlust im Landschafts-Raum

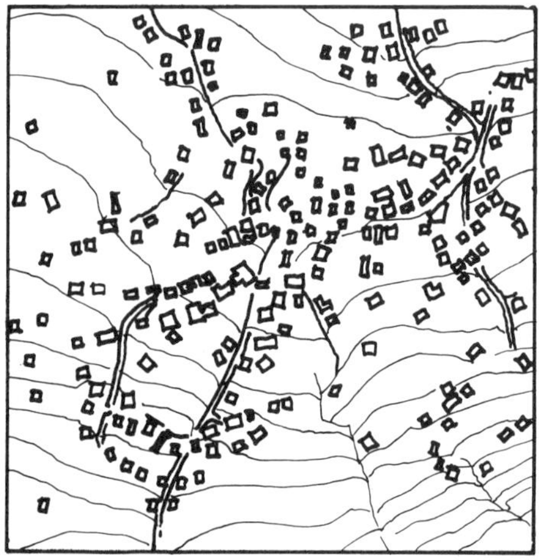

Zersiedelung der Natur und Landschaft durch eine Zeit, die stolz ist auf ihre Grenzenlosigkeit, Offenheit, ‹Freiheit›.

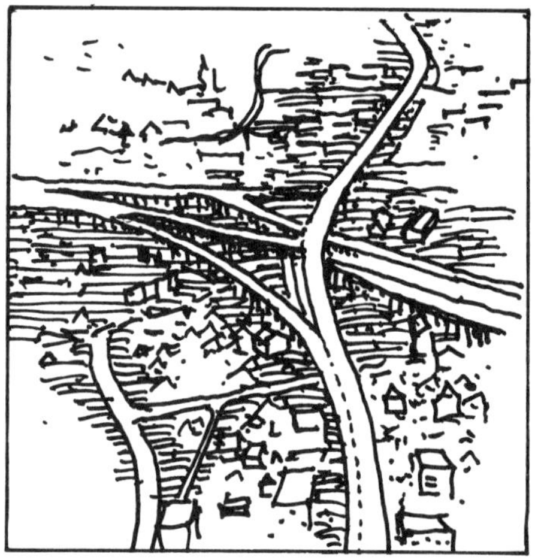

Zerstörung der in Jahrhunderten intensiver Pflege gewachsener Kultur-Landschaften durch einseitige Überbewertung einer Teilfunktion (Verkehr).

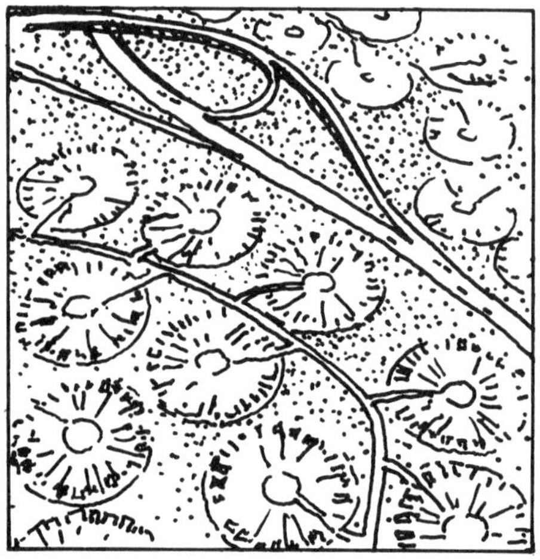

Ausbeutung der Erholungs-Landschaft durch rücksichtsloses Auswechseln von ‹Milch-Melk-Maschinen› durch alle Arten von ‹Rendite-Melk-Maschinen›.

Gestalt-Verlust im Städtebau

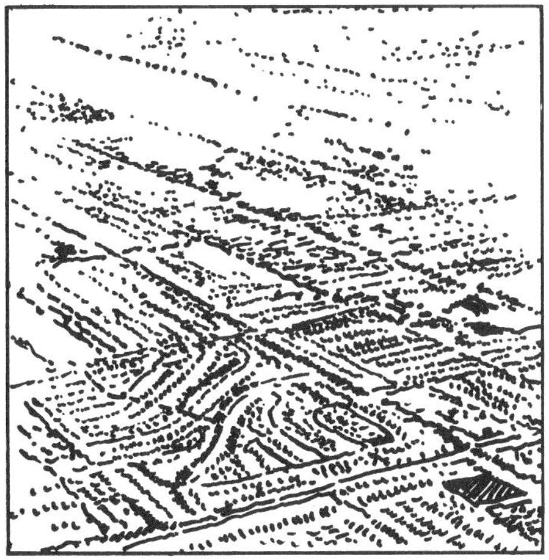

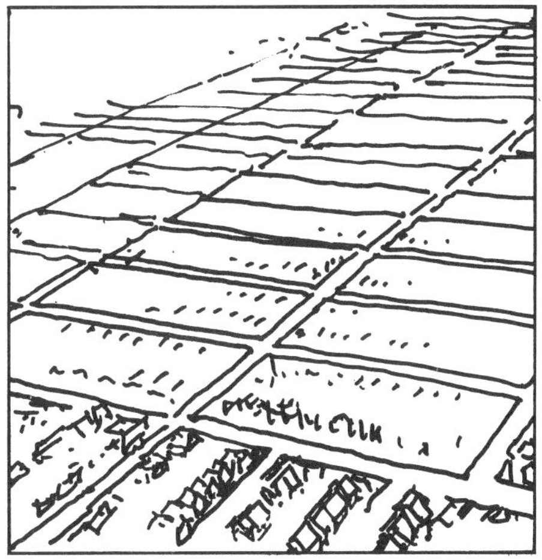

Verlust von Stadt- und Natur-Gestalten durch bewußte Preisgabe von Grenzen, d. h. durch schrankenloses Ineinanderlaufen mit gegenseitiger Zerstörung.

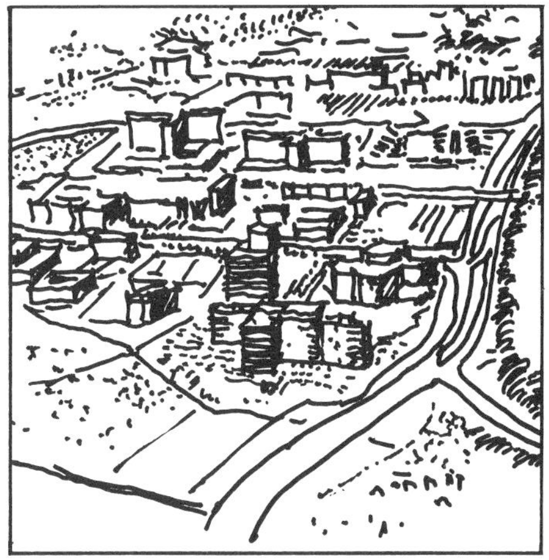

Strikte Grenzen, jedoch in der Nutzung anstelle von Urbanität bedingende vielschichtigen Nutzungs-Überlagerungen führten zu Ghettos für das Mehrfamilienhaus-Wohnen, Einzelhaus-Wohnen, Verwaltung, Gewerbe, Einkaufen usw.

Überbewertung des exakten Planens ohne Mut für das Bereitstellen von Spielräumen für spontanes Reagieren führt zu banal monotonen Übervereinfachungen. (Die Vielfalt des Lebens durfte nicht mitgestalten.)

Direktes Überführen der für Analysen nützlichen Unterscheidungen, Zerlegungen in geplante Wirklichkeit führt zu einer zergliederten Wirklichkeit.

Gestalt-Verlust im Straßenraum

Gestern reichten sich die Wohnbauten Schwabings noch die Hände. Sie ordneten sich unter zur nächst höheren Gestalt, den Straßen-Fluchten, Straßen-Räumen (links). In der heutigen nördlichen Fortsetzung dieses Quartiers dominieren isoliert im Feld herausstehende Einzelbauten, die nur nach Abstandsflächen-Bestimmungen plaziert scheinen (rechts).

Gestern bildeten die Häuser der Ludwigstraße noch eine klar begrenzte Übersumme oder Gestalt (links). In der Fortsetzung dieser Straße aus unserer Zeit wurden die Einzelnutzungen zwar optimiert, aber auf Kosten der Quartier- oder Straßen-Raum-Gestalten (rechts).

Gestern war die Straße noch ein von vielfältigen Nutzungs-Überlagerungen bestimmter stimulierender Erlebnis-Raum (links). Heute wurde sie funktionell entflochten.
Immer stärkere Optimierung von Teilen (wie Erschließung) zerstört die letzten noch vorhandenen Straßen-Gestalten (rechts).

Gestalt-Verlust im landwirtschaftlichen Bauen

Auflösung der einst geschlossenen Dorf-Gestalten in der frei gehaltenen Landschaft durch endlose Erweiterungen der Dorf-Grenzen bzw. konturloses Vermischen von Bebauung und Landschaft.

Auflösen der geschlossenen einheitlichen Hof-Gestalt durch völlig fremde, neue, isoliert aufgestellte Bauformen.

Auflösung der einst prägnanten Baukörper-Gestalten durch unproportionierte Anbauten oder durch aus allen Baubereichen und Haus-Landschaften Europas entliehene Formzutaten.

Gestalt-Verlust im Bau-Detail

Auflösung der Fassaden-Fenster-Tür-Gestalt durch Vielfalt an ortsfremden Formen und Materialien.

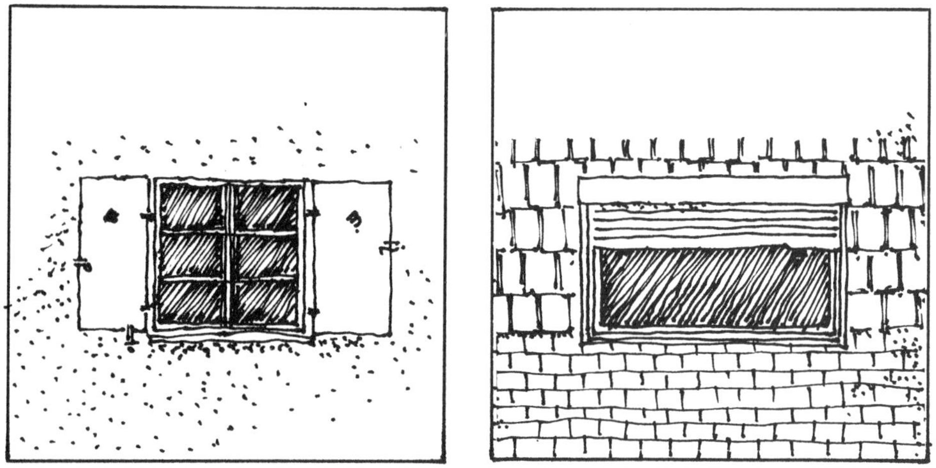

Das Sprossenfenster, eine Art durchbrochene Fortsetzung der Wand, wird nur zu oft durch unmaßstäbliche Löcher ersetzt, durch welche die Fassaden-Gestalt von außen und die Raum-Gestalt von innen geschwächt oder aufgelöst wird.

Wohlproportionierte glatte Türen, nur verziert mit ihrem feinen Fugenrelief, welches die Herstellung deutlich macht, werden durch «moderne» geriffelte Drahtglas-Türen ersetzt, deren kaltgraue Alu-Profile sich mit keiner warmen Putzfarbe vertragen.

Gestalt-Gesetze

1.3 PRINZIP DER GANZHEIT

Angeregt durch die auf die Antike zurückgehende These, daß das Ganze mehr sei als die Summe seiner Teile, hatte Ehrenfels das Prinzip der Ganzheit oder

‹Übersummenwirkung›

neu formuliert: «Gestalten sind Ganzheiten, oder genauer: Gegliederte Teilganzheiten innerhalb eines Feldes des Wahrnehmens, Vorstellens, Denkens, Fühlens, Wollens. *Die einzelnen Glieder der Gestalt werden mehr von der Ganzheit her bedingt, als die Teile das Ganze bedingen.* Das Ganze ist mehr als die Summe seiner Teile.»
Damit wird eine Dominanz des Ganzen über seine Teile festgestellt.
Wenn wir mit dem Filter dieses

1. Gestalt-Gesetzes oder Gestalt-Prinzips von der Übersummenwirkung

unsere gebaute Umwelt betrachten, finden wir entscheidende Unterschiede zwischen den gebauten Gestalten von gestern und denen von heute.
Als ein allgemeiner, charakteristischer Unterschied läßt sich beobachten, daß an baulichen Gestalten von früher

viel mehr Zusammenhang,
viel mehr Miteinander,
viel mehr Übersummenwirkung

beobachtet werden kann.
Die baulichen Gestalten früher waren viel mehr von der Ganzheit bestimmt, wogegen die baulichen Gestalten von heute viel mehr von ihren isolierten, optimierten Teilen bestimmt erscheinen.
Die Ursache dafür liegt in der gewaltigen Vergrößerung von Wahlmöglichkeiten in unserer Zeit.
Wir haben nun einmal erheblich mächtigere wirkungsvollere Werkzeuge, um Baumaterialien zu ‹vergewaltigen›, und erheblich zahlreichere Materialien als die früheren Bauleute. Zu unserem Trost können wir feststellen, daß die vielbewunderte Gleichartigkeit im sog. anonymen oder besser autochthonen Bauen oft nichts als eine Tugend der Not war.
Not an anderen Materialien und Werkzeugen und daher notgedrungen die große Einheitlichkeit, Gleichartigkeit, welche die starke Übersummenwirkung bewirkt hat, war die Hauptursache für die früheren Gestalt-Qualitäten in den Bauten und Städten früherer Epochen.
Dieser Mangel an Wahlmöglichkeiten bewirkte ganz allgemein, daß immer wieder stärkere Zusammenhänge hergestellt wurden; daß immer die verschiedensten Teile mit Farb- oder Form-, Größen- oder Gliederungs-Ähnlichkeiten bzw. irgendwelchen Gleichartigkeiten zu Übersummen bzw. nächsthöheren Gestalten zusammengezogen wurden.
Hier liegt auch eine der möglichen Antworten auf die Frage:
Warum gefällt mir das? Finde ich das schön, wenn mir solche architektonischen Ganzheiten als besonders eindrucksvolle Gestalten auffallen?

Oder mit Goethe:
«Alles Vollkommene muß über seine Art hinausgehen und etwas Neues, Unvergleichliches werden»,

also sich zu ‹Übersummen› oder neuen Ganzheiten zusammenschließen.
Nachdem wir nun bei der ersten Eigenschaft einer Gestalt gehört haben, daß hier das Verhältnis von Teilen zur Ganzheit beschrieben wird und daß die Ganzheit Vorrang hat vor den Teilen, können wir eine Definition des Gestalt-Begriffes einführen:

Gestalten sind Gebilde, deren Teile vom Ganzen her bestimmt sind, bei denen alle Teile sich gegenseitig tragen und bestimmen; Gebilde, deren wesentliche Eigenschaften nicht durch die Summierung der Eigenschaften ihrer Teile zu erfassen sind.

Prinzip der Ganzheit

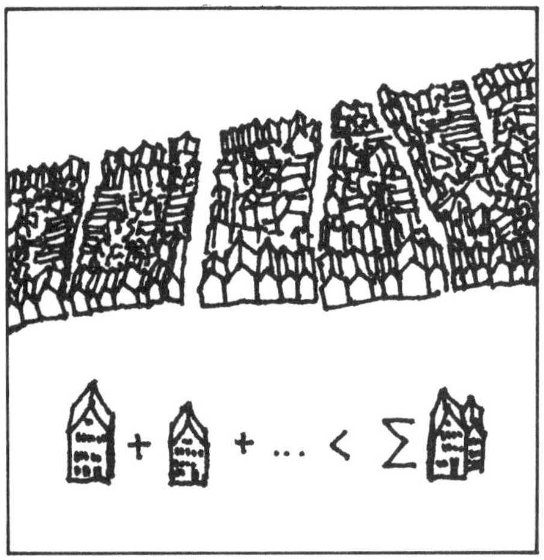

Das Ganze ist mehr als die Summe seiner Teile.

Höhere Ordnung entsteht durch Unterordnung. Die Ordnung der nächsthöheren Ganzheit (Gestalt) dominiert über die Verschiedenartigkeit der Teile.

Einheitlichkeit, durch irgendwelche Gleichartigkeiten, z. B. der Farbe (Farbrichtung – Helligkeit – Reinheit) oder der Konstruktion und der Details oder der Oberflächen-Texturen oder der Maßstäblichkeit, muß über alle Arten von Verschiedenartigkeiten dominieren, um die Ganzheit zu betonen.

Prinzip der Ganzheit an Beispielen des landwirtschaftlichen Bauens

Hof-Gestalt aus:
Hügel + Bäume + Häuser + Weg + Weiher + Taubenhaus.

Landschafts-Gestalt aus:
Hügel + Dorf + Bäume + Hof + Felder.

Dorfplatz-Gestalt aus:
Bäume + Weiher + Häuser + Kirche.

Dorfplatz-Gestalt aus:
Baum + Brunnen + Kirche + Wirtshaus.

Auch nicht zusammenhängende, die Hof-Silhouette sprengende Bauteile können z. B. durch Eingrünung wirkungsvoll zu einer Ganzheit (Übersumme) oder Hof-‹Gestalt› zusammengezogen werden.

Ganzheits-Prinzip

Zusammenhang oder Gestalt aus Landschaft, Dorf, Neubau

Der Neubau nimmt keine Rücksicht auf die Landschafts-Silhouette oder auf den Bezug zum Dorf.

Neubau-Hof tiefer gelegen, vor der Hangkante plaziert, ergibt eine bessere Einfügung, jedoch noch immer kein Bezug zum Dorf.

Größerer Zusammenhang bzw. bessere Gesamt-Gestalt durch Einbeziehung des Neubaus in die Bausubstanz des Dorfes.

Ganzheiten oder Übersummen durch Gleichartigkeiten
(aber nicht zuviel)
an Wohnanlagen in Amsterdam
(Architekt M. de Klerk)

Die Einzelhäuser verbinden sich zu einer prägnant begrenzten Ganzheit, ohne daß durch Übertreibung dieses Prinzipes Langeweile und Monotonie entsteht.

Die Details sorgen insgesamt für eine auflockernde Vielfalt der Erscheinung im diskursiven Erleben der von Gleichartigkeit bestimmten Straßen-Raum-Gestalt.

Immer wieder besondere, abwechslungsreiche Öffnungs-Gestaltungen bilden einen spannungsvollen und identitätsfördernden Kontrast zu den einheitlichen Übersummen der Bau- und Straßen-Raum-Gestalten.

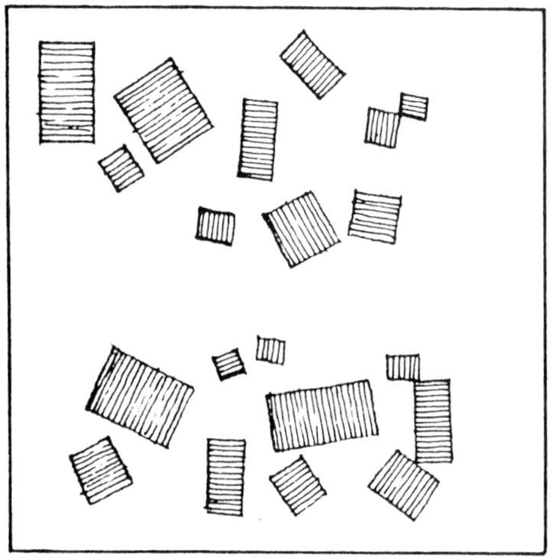

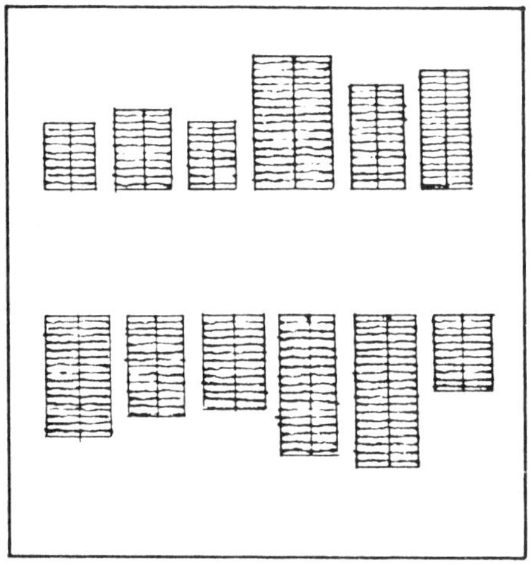

Summen
ungeordnet und gereiht

Gestalten oder Übersummen
mit nicht zuviel Gleichartigkeiten
und dadurch
mit unterschiedlich hohem Ordnungs-
grad (Studienarbeit).

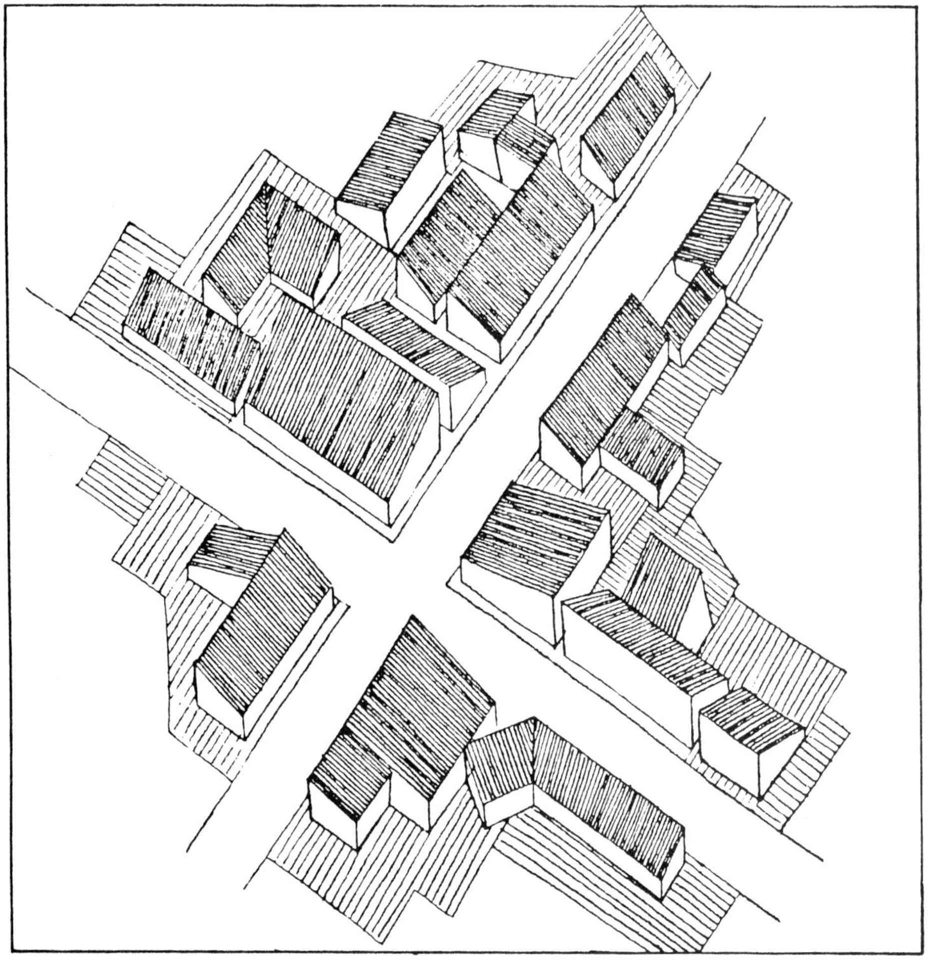

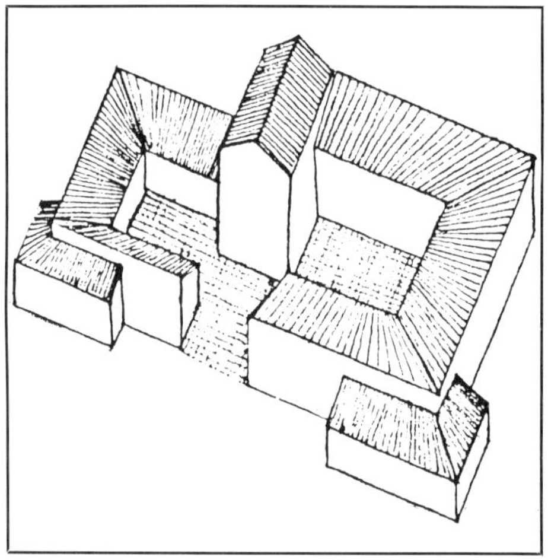

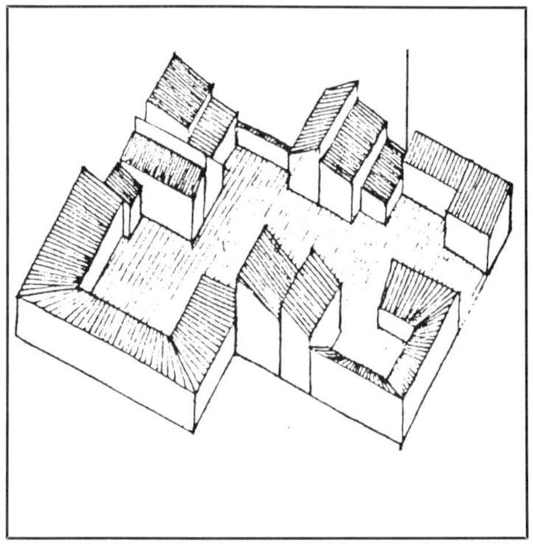

BOUTIQUE
DROGERIE
SCHNELLER
TÖL-VK 61

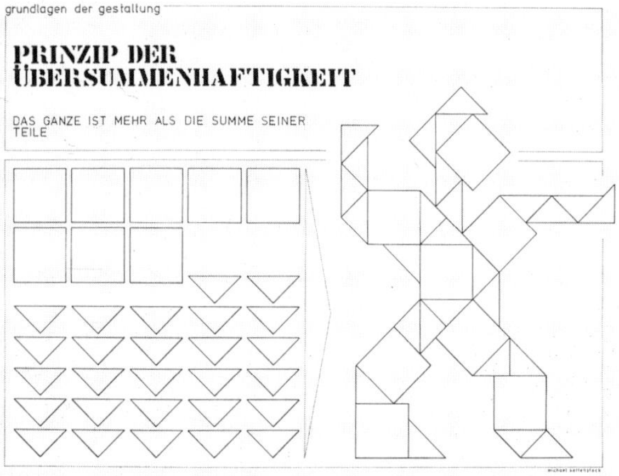
grundlagen der gestaltung
PRINZIP DER ÜBERSUMMENHAFTIGKEIT
DAS GANZE IST MEHR ALS DIE SUMME SEINER TEILE

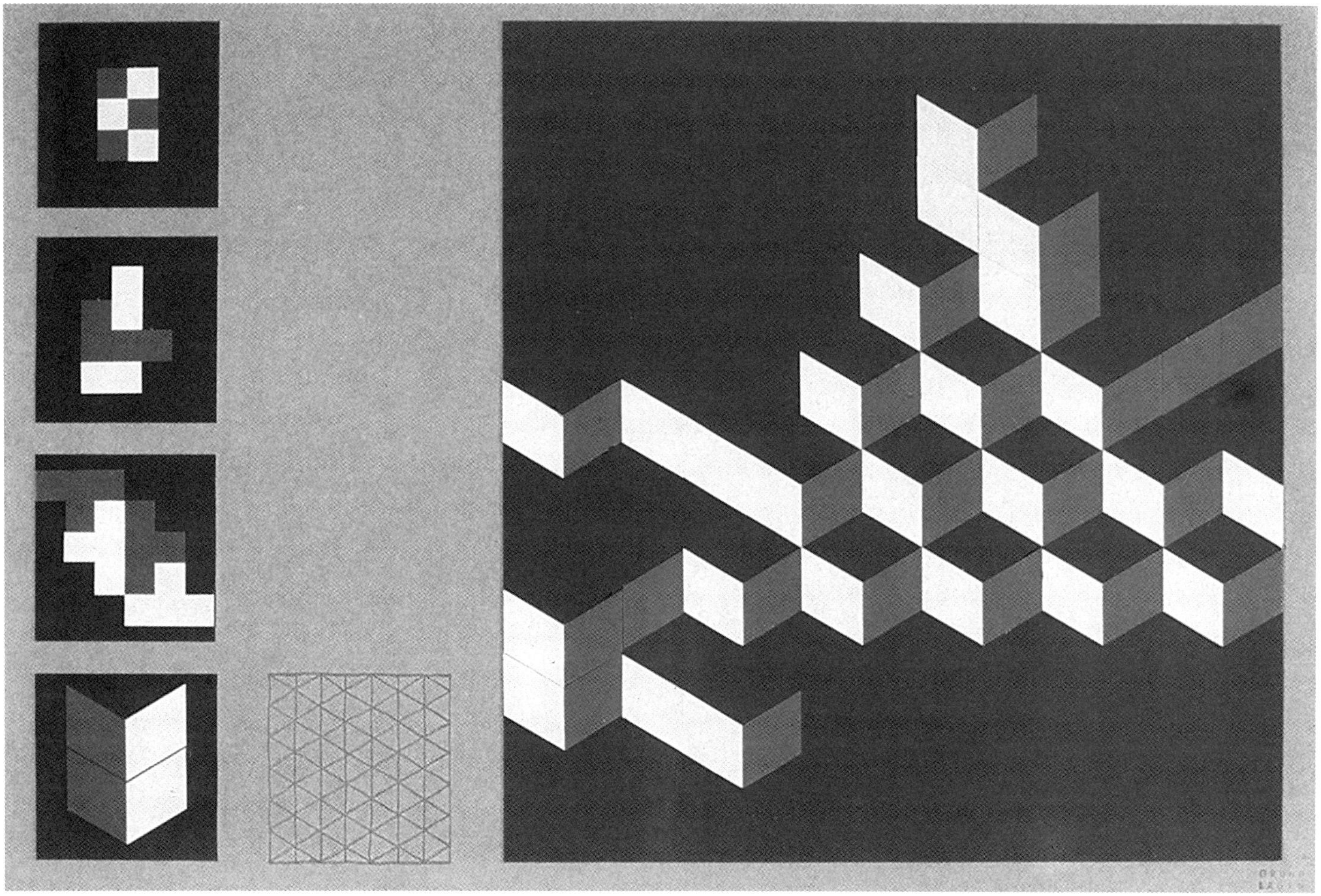

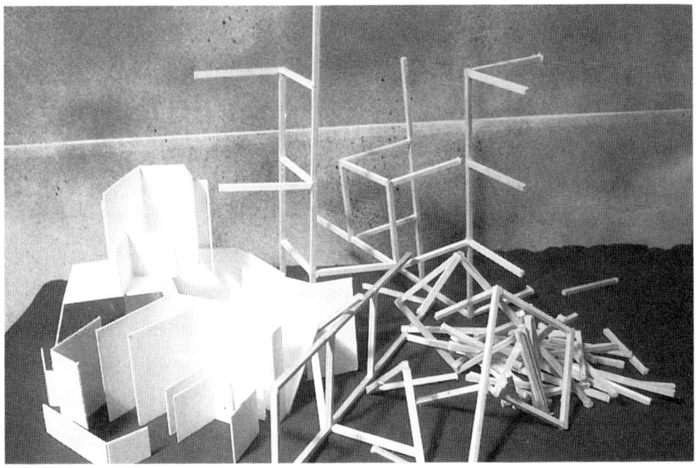

Eine Gestalt ist mehr als nur Summe ihrer Teile.

Die Gestalt-Wirkung, Gestalt-Qualität entsteht aus dem Zusammenwirken der verschiedenen Teile wie Bauten + Hügel + Waldrand + Bäume zu einer ‹Übersumme› bzw. Hof-Gestalt oder Eingang + Vorplatz + Bepflanzung + Sitzbank + Brunnen zu einer Ganzheit bzw. Eingangs-Gestalt (Seite 26). ‹Übersummen› – oder das Prinzip der Ganzheit an Beispielen alter und neuer Straßen-Gestalten.

Sinalco Sinalco

‹Übersumme› durch Zusammenhang zwischen alt und neu bei Bauten am Canale Grande, Venedig, im Schnoor-Viertel, Bremen (Seite 28).

Weitere ‹Übersummen› aus alt und neu an einem Kaufhaus-Beispiel in Landshut und einer Sparkassenzweigstelle in Gumpoldskirchen.

1.4 ZUR BEDEUTUNG VON KONTRASTEN

Die bisher als Hauptmerkmal einer höheren Gestalt-Qualität bewußt in den Vordergrund gerückte Dominanz von

Übersummenhaftigkeit,
Gleichartigkeit,
Zusammenhang oder
Zusammenklang

aller Teile zu einer Ganzheit oder Gestalt ist mit Vorsicht zu handhaben. Denn zu viel davon ergibt Monotonie.
Der Mensch braucht nicht nur die ordnenden Gleichartigkeiten zur Befriedigung seines Sicherheitsbedürfnisses, sondern im fast gleichen Maße auch auflockernde Verschiedenartigkeiten zur Befriedigung seines Freiheitsbedürfnisses. Deshalb verlangt jede Gestaltungs-Maßnahme schon in ihrem Ansatz nach dem Gegenteil, nach dem Kontrast.
An einer guten Gestaltung wollen wir immer beide Grundbedürfnisse des Menschen, das nach Bindung und das nach Freiheit, befriedigt finden.
Das Bedürfnis nach Halt und Bindung, z. B. durch die ordnende Geometrie der Konstruktion und das Bedürfnis nach Freiheit durch Kontraste, Ausbrüche, Störungen.
Zu viel Ordnung verlangt nach Chaos,
zu viel Freiheit verlangt nach Ordnung.
Auch im Gegensatz von Bau und Baum bilden Natur und Kunst, Leben und Tod immer wieder einen spannungsvollen Kontrast und damit eine gegenseitige Steigerung. Der Bau erscheint noch mehr als ‹Kunstwerk›, wenn er von Bäumen umgeben ist, so wie der Überfluß der vergänglichen Natur erst im Kontrast zur knappen Notwendigkeit des dauerhaften Bauwerkes zur Geltung kommt.
Erst durch die Gegenüberstellung mit einer Großform werden die kleinen Formen als klein bemerkt. Erst durch eine lange Gerade oder Fläche werden die vielen sonstigen Vor- und Rücksprünge reizvoll. Erst durch den senkrecht aufragenden Kirchturm wirken die lagernden Baukörper des Dorfes so richtig erdverbunden.
Erst durch einen klar definierten, hart begrenzten städtischen Raum werden wir der offenen weichen Landschafts-Räume als solcher gewahr.
Ebenso sind viele weitere scheinbar paradoxe Forderungen – wie z. B. nach mehr Freiheit und gleichzeitig nach mehr Beschränkung, nach mehr Unterordnung und nach mehr Selbstdarstellung, nach mehr veränderungsförderndem Bewußtsein nur bei gleichzeitiger Zunahme von mehr Ehrfurcht vor dem Bestand – nicht paradox, sondern nur zwei künstliche Pole für das rechte Augenmaß oder die ‹Wahrheit in der Mitte›.
Auch viele weitere Gegenpole, wie die bei uns übliche Stärkung der Teile, jedoch nur mit der bei uns seltenen gleichzeitigen Stärkung der Ganzheit, die Forderung kleinmaßstäblicher Detailvielfalt nur bei gleichzeitiger Betonung einer weniger merkmalsreichen großen Form oder auch die Förderung von mehr Systembau bzw. hoher Bautechnologie mit größerem Spielraum für mehr identitätsfördernden Eigenbau sowie all die nur scheinbaren Gegensätze wie

Bindung und Freiheit,
Ordnung und Chaos,
Flexibilität und Kontinuität,
Innovation und Tradition,
Bau- und Kunstformen, Natur- und Lebensformen,
Dauerhaftigkeit und Vergänglichkeit,
Notwendiges und Überflüssiges, Primäres und Sekundäres oder Kern und Zusatz

sind nur sich gegenseitig bedingende Paare einer in Wirklichkeit engmaschig verwobenen Ganzheit.

Oder noch anders:

jede Gestaltungsmaßnahme ist einseitig und gelangt erst durch ihre Gegenmaßnahme zu einem harmonischen Gleichgewicht.
Hierzu gehören auch die zwei Handlungsmöglichkeiten Analysieren und Synthetisieren, Darstellen und Gestalten; nicht als Gegensätze, sondern als die zwei komplementären Hälften im Umgang des Menschen mit dieser Welt. Der Wissenschaftler Wolfgang Pauli hat in diesem Zusammenhang von zwei Grundhaltungen des Menschen gesprochen. Er nennt sie die kritisch-rationale, verstehenwollende einerseits und die mystisch-irrationale, das erlösende Einheitserlebnis suchende andererseits. «In der Seele des Menschen werden immer beide Haltungen wohnen, und die eine wird stets die andere als Keim ihres Gegenteils schon in sich tragen.»

1.5 FIGUR-GRUND-PRINZIP

Zur weiteren Präzisierung des Gestalt-Begriffes ein weiteres Gestalt-Gesetz:

Das Gesetz von *Figur und Grund*
oder das
Figur-Grund-Prinzip.

Dieses 2. Gesetz soll bewußt den Blick auf den Hintergrund, auf den Zwischenraum lenken:

«Gestalten heben sich als abgesonderte, unbegrenzte, gegliederte, möglichst einheitliche und geschlossene Bereiche, als ‹Figuren› jeweils von einem unstrukturierten ‹Grund› ab. Figur und Grund stehen in einem Verhältnis der Komplementarität. Je genauer man die ‹Figur› als das intendierte Bild betrachtet, desto weniger kann man den ‹Grund›, in den sie eingebettet ist, gleichzeitig beachten.»

Unser Sehen ist durch jahrtausendelange Prägung allein auf das Sehen und blitzschnelle Erkennen von Figuren (Feind- oder Nahrungs-Figuren) vor einem meist unbemerkten Hintergrund dressiert:

Wir sind blind für den Hintergrund oder Zwischenraum.

Auch in der Architektur sehen wir in der Regel nur die Häuser, die Objekte, und nicht den Zwischenraum – als etwas mindestens ebenso Wichtiges.

Wir sehen nicht, daß die Qualität eines Platzes, eines Straßen-Raumes oft weniger von den Bauten mit ihren Maßen, Formen, Proportionen abhängt –
sondern viel mehr von den Zwischenräumen, von dem Nichts dazwischen, von dessen Maßen, Formen und Proportionen.

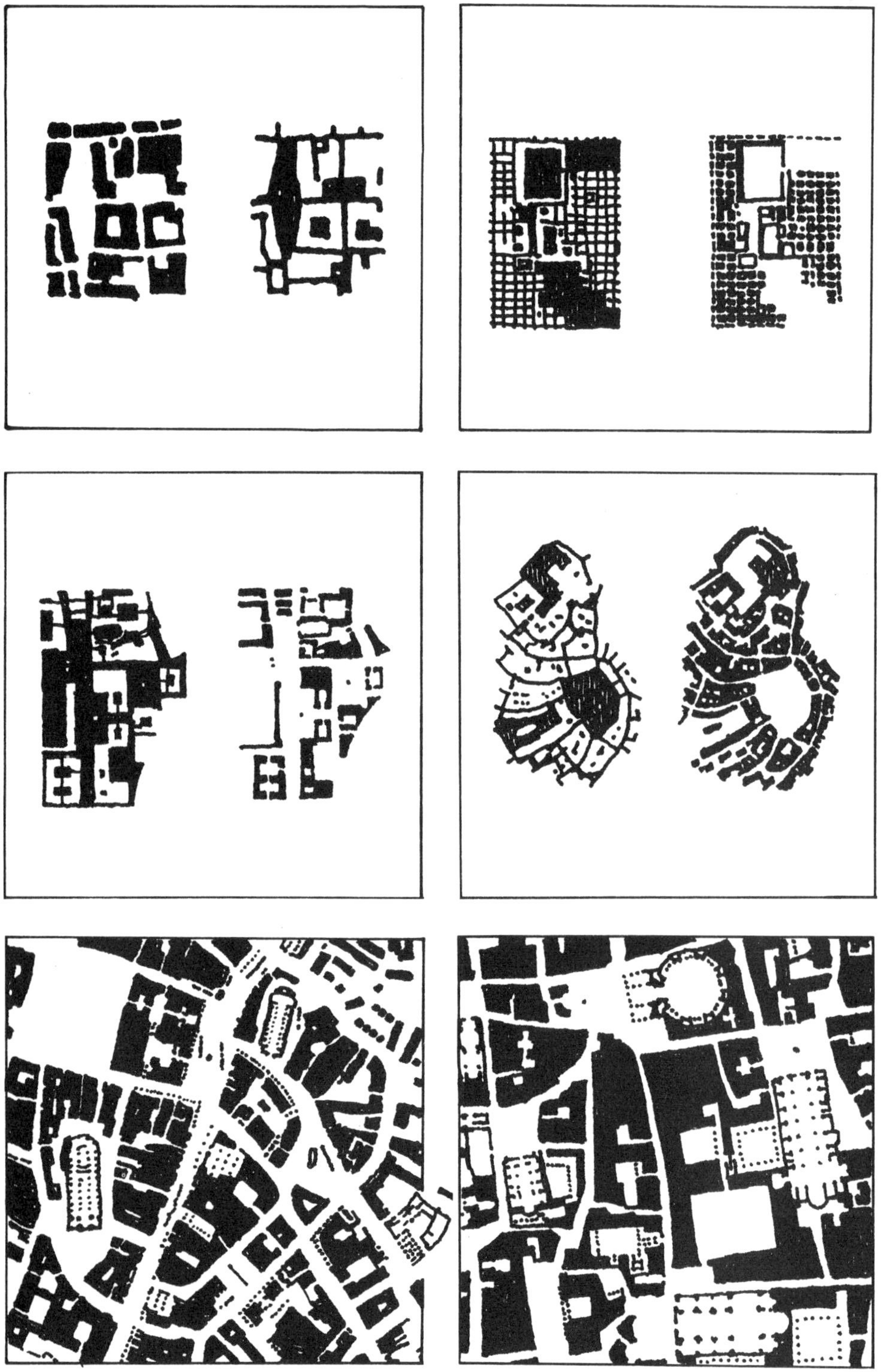

**Figur-Grund-Prinzip
an positiven Beispielen
Verona – Priene
München – Siena
München – Rom**

Je leichter man auch den Hintergrund zwischen den Bauten als gleichwertige, intendierte Figur der Betrachtung sehen kann, d. h. je mehr der Zwischenraum die gleichen Figur-Qualitäten zeigt wie die Baumassen selbst, um so mehr bilden Bauten und Zwischenräume eine unlösbare Ganzheit oder (Stadt- bzw. Quartier-)Gestalt, in der man nicht entweder nur Bauten auf dem umgebenden Grund oder aber nur Zwischenräume in umgebenden Baumassen sehen kann, sondern eine Übersumme eines engmaschig verfilzten Raum-Form-Geflechtes.

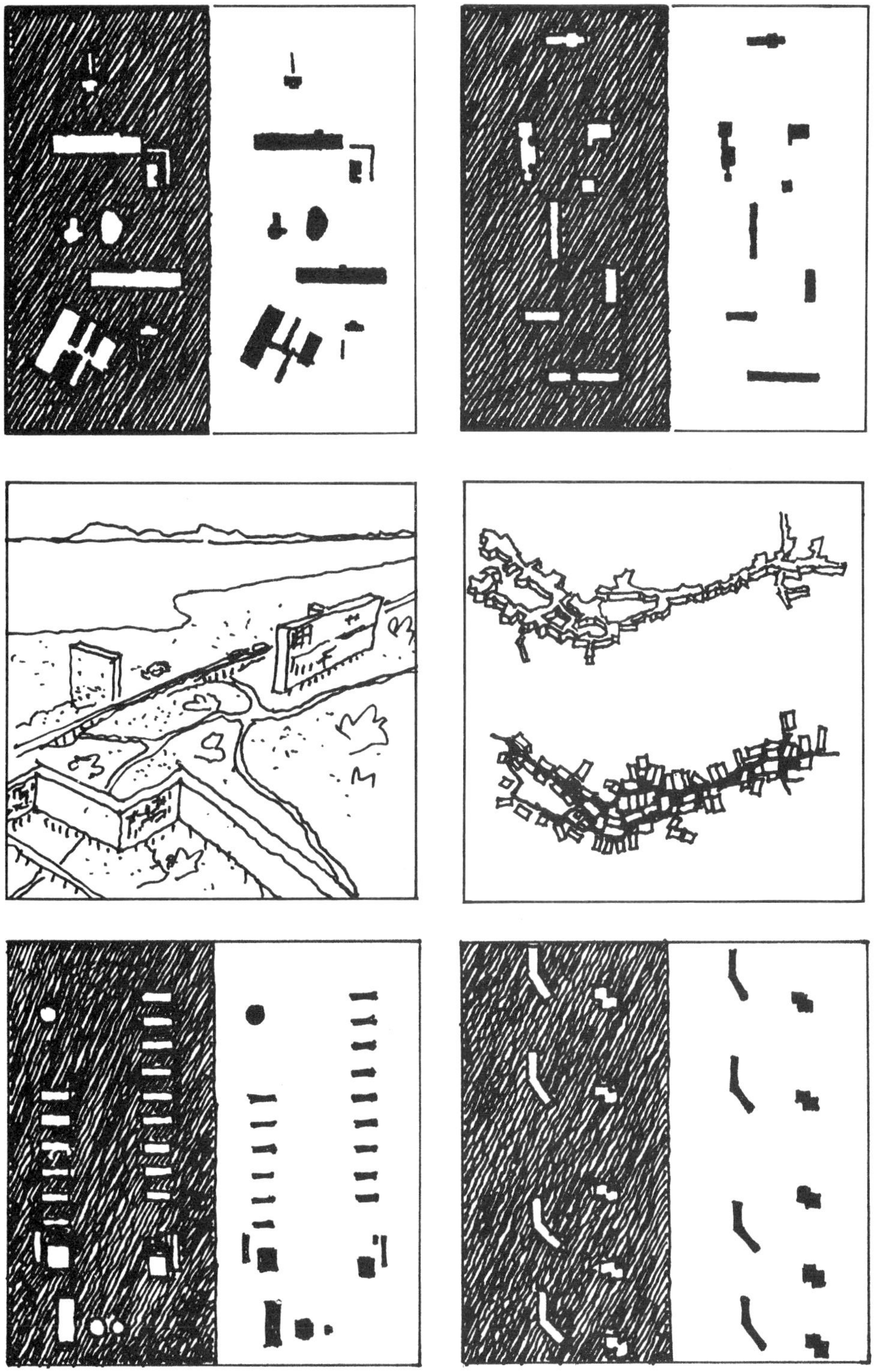

Figur-Grund-Prinzip
Städtebauliche Gegenbeispiele unserer Zeit

Bei den meisten Grundmustern des modernen ‹Städtebaus› lassen sich isolierte Bau-Figuren auf einem kontinuierlichen, ungestalteten Grund wahrnehmen.

Die größte Errungenschaft der ‹Moderne›, die neue Raumkonzeption des sog. kontinuierlichen Raumes, war das Ende von definierten städtischen Räumen. Für den Städtebau der Nachkriegszeit hat sich diese ‹Errungenschaft› verheerender ausgewirkt als alle Verwüstungen beider Weltkriege.
Nach den Kriterien von Raum und Form (aus denen Städte schließlich gemacht sind) müßte der aus isolierten Baukörpern bestehende Nachkriegs-‹Städtebau› fast als Dorfbau bezeichnet werden.
Jedoch würde man den meisten Dörfern damit nicht gerecht, die, wie Beispiel Mitte rechts zeigt, meist erheblich mehr Raum-Qualitäten aufweisen als die heutigen Planungen, bei denen keine ‹Straße als Raumkörper-Darstellungen› mehr möglich sind.

Figur-Grund-Beispiele im landwirtschaftlichen Bauen

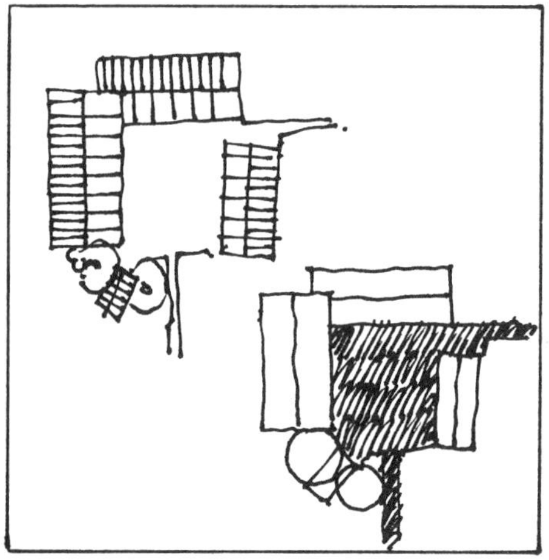
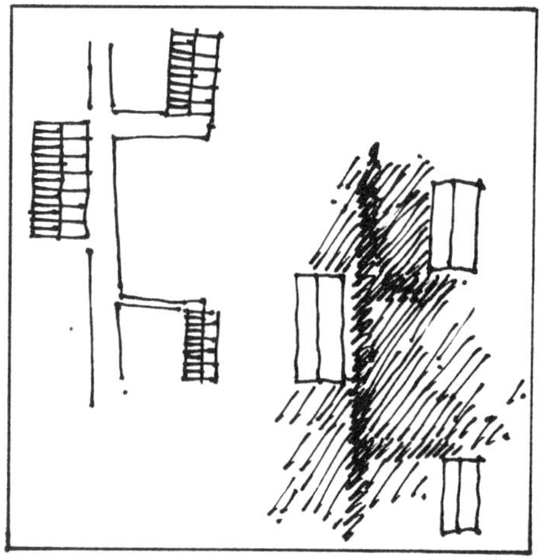

Auch ein Hof-Raum z. B. soll die gleichen klaren Figur-Grund- oder Gestalt-Qualitäten aufweisen wie die Figuren der einzelnen Bauten.

Genauso wie das Muster der Fensteröffnungen eine möglichst klare Gestalt bilden soll, muß die verbleibende Wandscheibe eine ebenso klare Figur ergeben, ohne nur zufällige Rest-Flächen zu erzeugen.

Unausgewogene, zerrissene Öffnungsgestaltung mit ungelöster Proportionierung zerstört die Fassadenfläche und damit die Gesamt-Bau-Form (rechts).
Durch eine harmonische, gut proportionierte Form und Anordnung der Öffnungen wird die Bau-Form gestärkt (links).

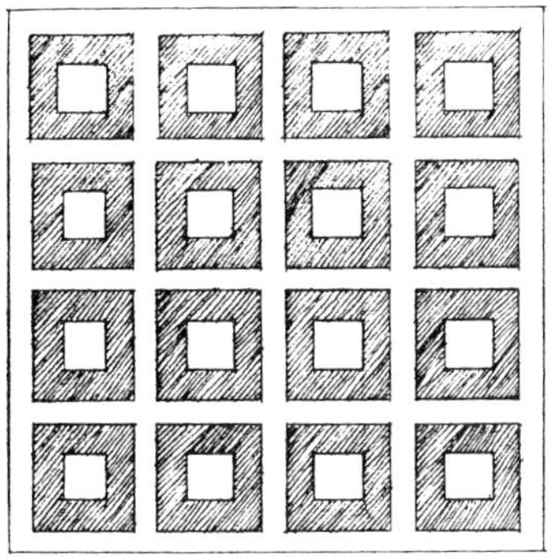

Figur-Grund-Prinzip

Odeons-Platz München

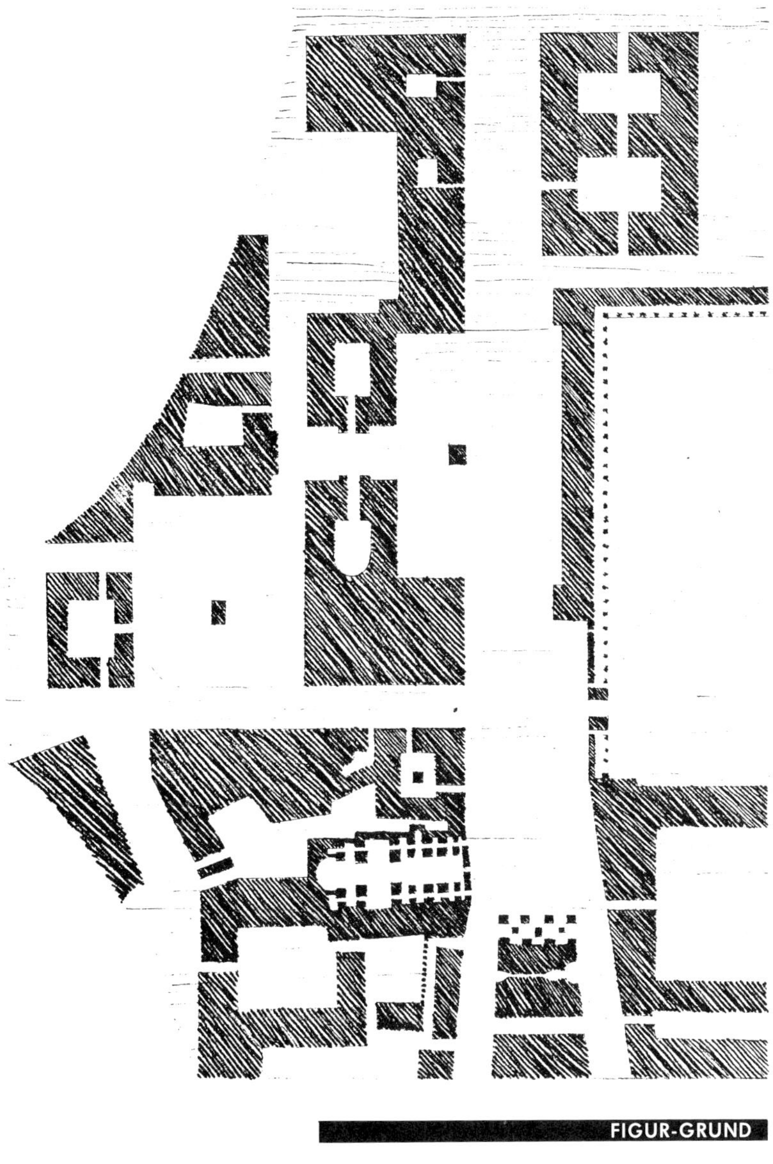

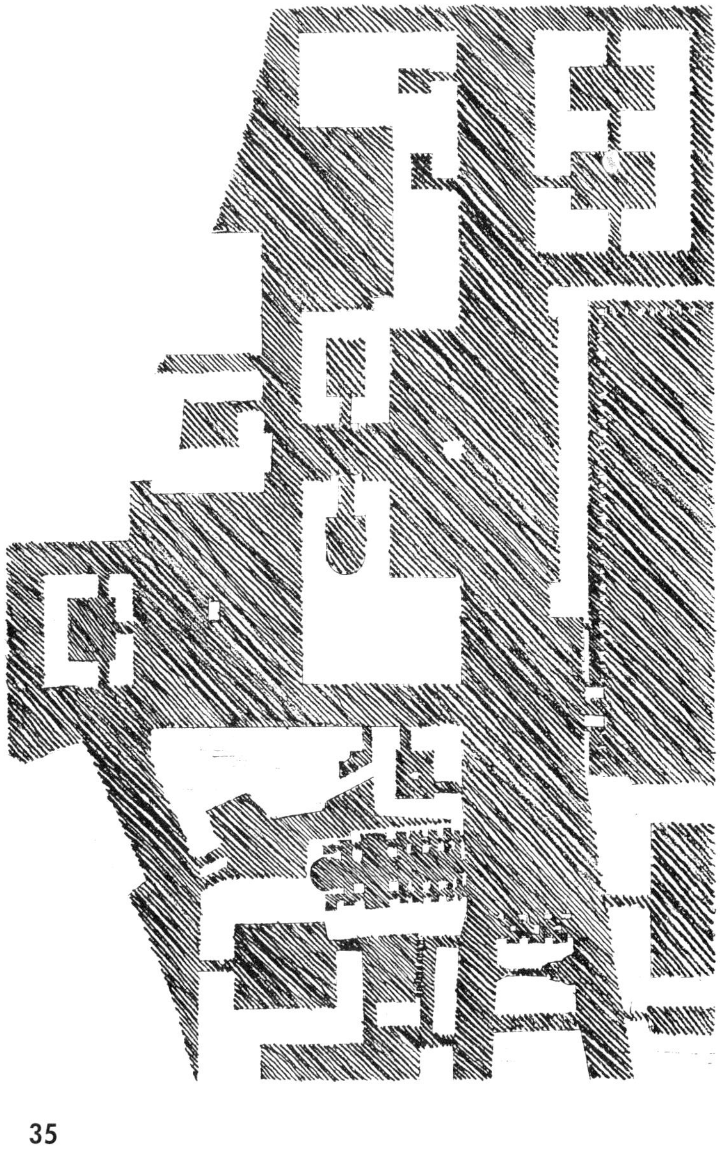

Figur-Grund-Prinzip am Beispiel einer Übungsaufgabe

Auf einem 40 × 40-m-Feld waren 12 Kioske so anzuordnen, daß deren Figur und die Restflächen gleich hohe Figur-Qualität aufweisen.

Graphische Übung
zum Figur-Grund-Prinzip

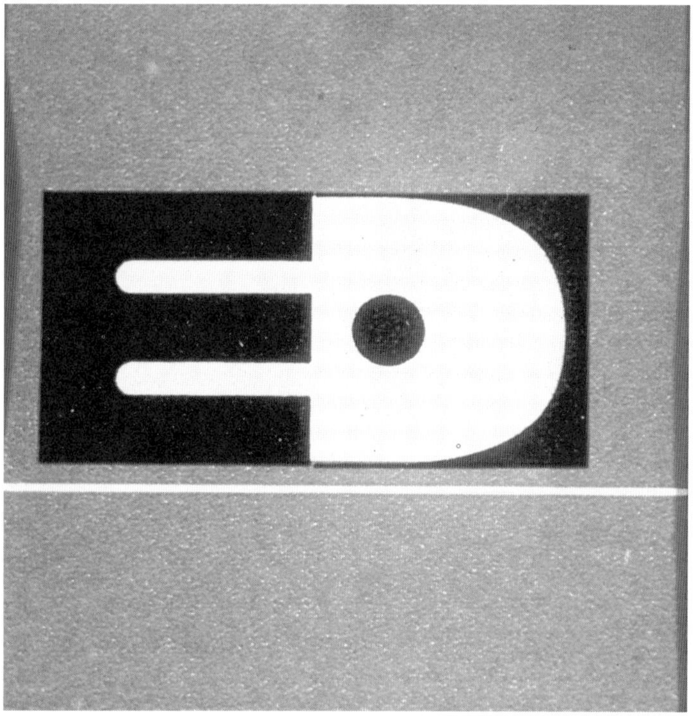

BURLINGTON
NORTHERN

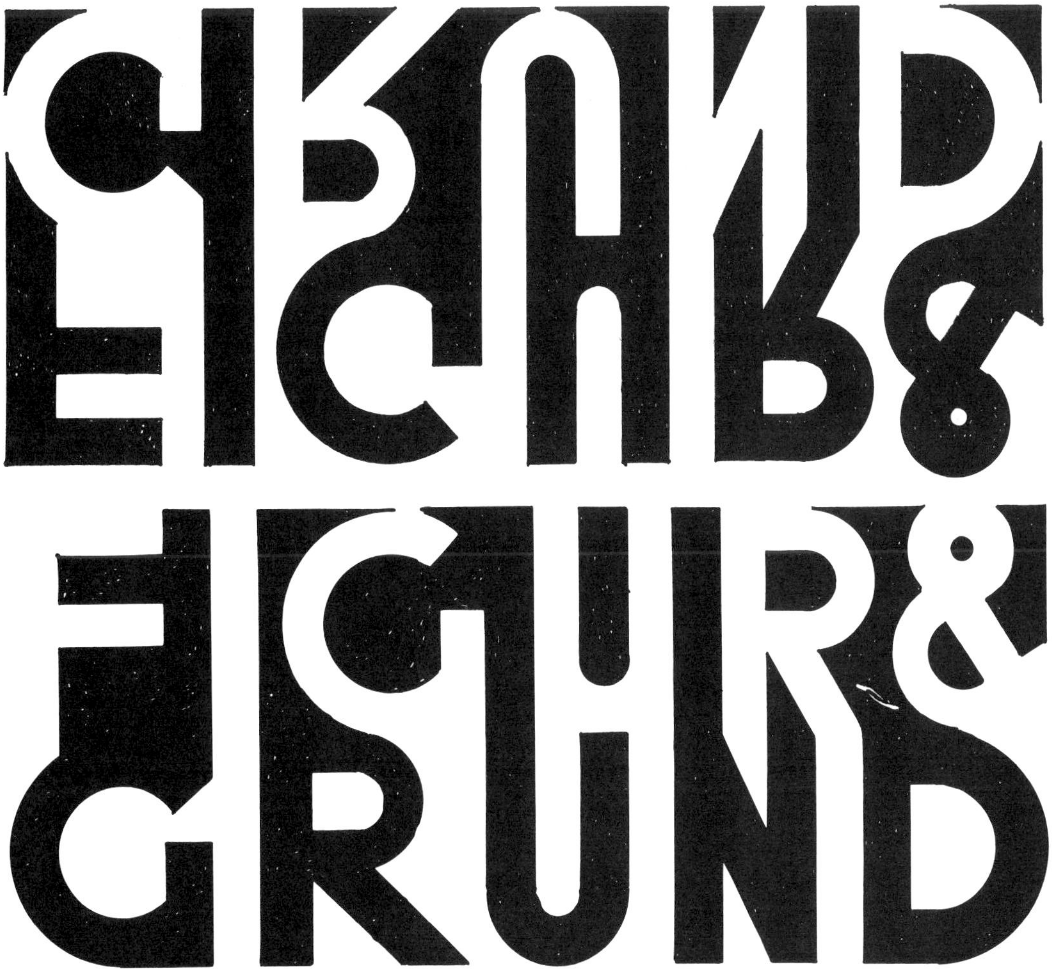

Figur-Grund-Wirkung an graphischen Beispielen, mit der Umschlagwirkung zwischen Figur und Hintergrund.

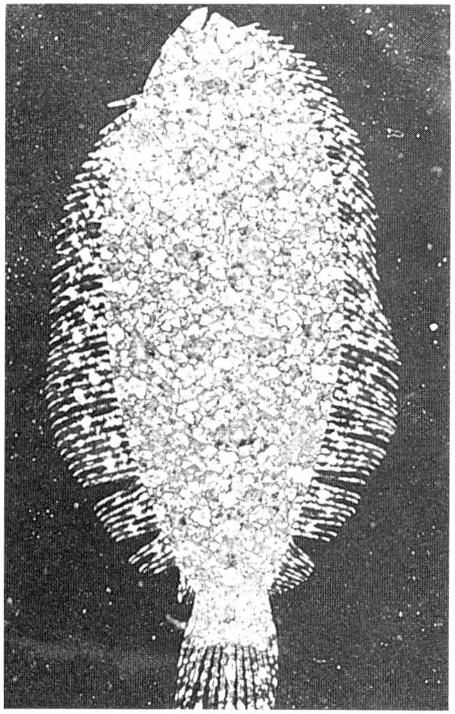

Ausnutzung der Figur-Grund-Wirkung aller höheren Lebewesen durch Tarnungen, indem die Figur sich dem Hintergrund anpaßt.

Figur und Grund – hier Öffnungen und Wand-Hintergrund bilden an dieser Fassade eine ausgewogene Gesamtgestaltung.

Bei der Fassaden-Gestaltung sollten sowohl die Figur der Öffnungs- als auch die Figur der verbleibenden Wandflächen gleich gut durchgestaltet sein und nicht, wie sonst häufig, die Wandflächen zu Resten zwischen den Öffnungen werden. Das Figur-Grund-Prinzip hilft hierbei, beide als gleichrangig bewußt zu beachten, wie an den beiden Bauernhäusern und den drei ‹Botta›-Häusern im Tessin.

Figur-Grund beim Entwerfen

Anstelle der häufigen additiven Aufreihung von Einzelhäusern in einem divisiv nach Abstandsregeln usw. zerteilten Bebauungsplan sollte bei jeder Siedlungsplanung sowohl die Figur der zusammengefügten Bauten als auch mit gleicher Sorgfalt die Figur der Zwischenräume durchgestaltet werden. Dabei werden die Zugeständnisse nicht immer nur zu Lasten der Zwischenräume, sondern oft noch zu Lasten der Grundrisse gemacht. Beide Figuren – die der Bauten und die des Zwischenraumes – entstehen in stetigem Wechselspiel.

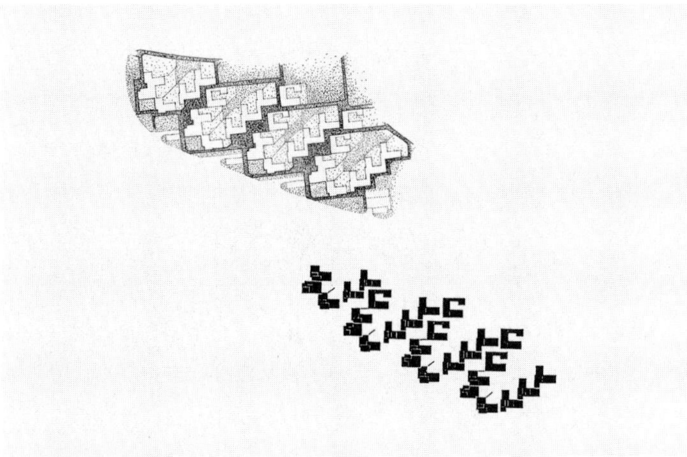

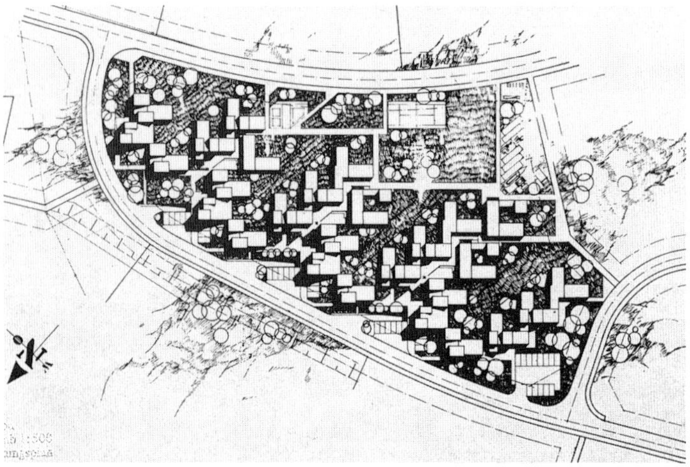

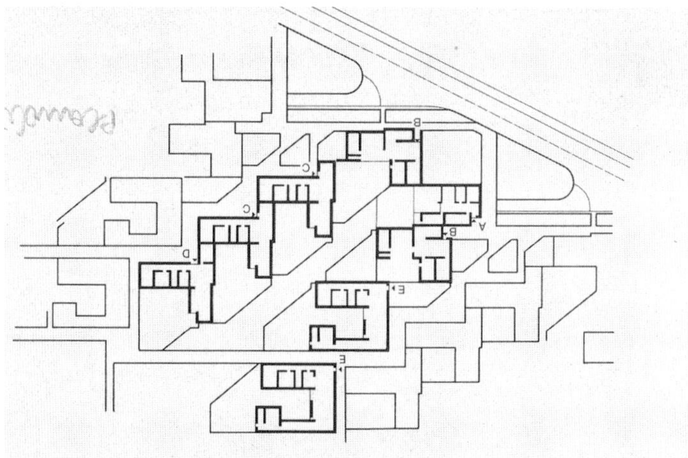

Eine solchermaßen entworfene Siedlung enthält sinnvoll durchdachte Räume sowohl auf der ‹privaten› Seite der völlig einsichtsgeschützten ‹Außenräume› mit benachbarten Gemeinschaftsgärten als auch auf der Seite der öffentlichen und halböffentlichen Wege und Eingangshöfe. Figur-Grund auch bei der Fassaden-Gestaltung, indem eine Gleichrangigkeit zwischen der Figur der Öffnungen und der Figur der Wandflächen angestrebt wurde.
Beispiel: Sonnenberg, Zürich
Architekt: Verfasser

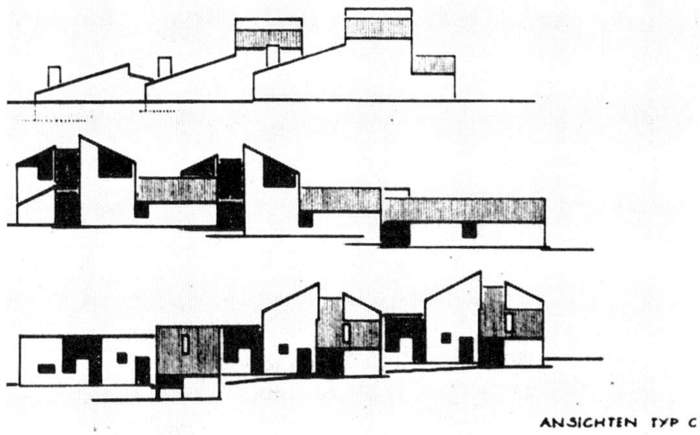

1.6 PRÄGNANZ-PRINZIP

Ein weiteres wichtiges Gestalt-Gesetz lenkt den Blick auf die äußere Begrenzung, auf den Umriß von Gestalten.
Das Prägnanz-Prinzip:

> Jede Gestalt-Wahrnehmung unterliegt der Tendenz, in einer Erscheinung das Maximum an Regelmäßigkeit, Symmetrie, Geschlossenheit, Einfachheit, Ausgeglichenheit und Knappheit zu finden.

Das Prägnanz-Prinzip bezieht sich auf die Grenze:

> Hohe Gestalt-Qualität hat mit Grenzbedingungen zu tun,
> je klarer, straffer, einfacher und geschlossener die Grenze, die Begrenzung,
> um so prägnanter ist die Figur oder Gestalt.

Viele unserer alten Stadt-Objekte zeigen – nicht nur aus Gründen der Verteidigung – trotz ihres locker gewachsenen additiven inneren Aufbaus eine klare Betonung von prägnanten Grenzen nach außen, sowohl im Umriß der Gesamt-Gestalt als auch in den Begrenzungen der Straßen- und Platz-Räume.
Den Gegensatz dazu bilden unsere modernen Besiedlungs- und Stadtbaumuster der Nachkriegszeit. Die bewußte Verleugnung der klaren Begrenzung in Raum und Zeit im modernen Bau- und Stadtbaugeschehen durch Ideologien, die noch stolz auf das Überwinden von Grenzen sind, sowie größtmögliche Wachstums- und Veränderungsfähigkeit, Lockerheit und Offenheit verherrlichend, ist eine der Hauptursachen für den gewaltigen Verlust an gut definierten öffentlichen Straßen- oder Platz-Gestalten und an prägnant begrenzten Stadt-Objekten bzw. Stadt-Gestalten in unserer Zeit.
Prägnante, klare Grenzen sind also für die Stadt-Gestaltung nicht ein zu überwindendes Übel, sondern eine wichtige, hoch zu achtende Qualität und Voraussetzung für mehr Gestalt-Qualitäten.
Mit dieser 3. Gestalt-Eigenschaft können wir nun den Gestalt-Begriff mit einer weiteren Definition klären:

> Eine Gestalt ist eine in sich abgeschlossene, nach außen klar begrenzte – wenn auch gegliederte – Einheit der Erscheinung einer Sache – und auf den Menschen bezogen.

Die Seele ist ihrem Wesen nach auf Gestaltung schlechthin angelegt. Hochentwickelte Strukturen des Bewußtseins (wie z. B. die des Menschen) tendieren zur Geschlossenheit, Einheitlichkeit, Einfachheit, Regelmäßigkeit, nach Symmetrie und Eingliederung in die bevorzugten Raum-Richtungen (also senkrecht und waagrecht), tendieren auf Zügigkeit aller Kurven oder Umrisse, kurz auf Prägnanz. Immer ist das Bewußtsein so disponiert, daß in einem Beieinander von Wahrnehmungen vorzugsweise das möglichst Einfache, Einheitliche, Geschlossene, Symmetrische, sich in die Hauptachsen des Raumes Einfügende wahrgenommen wird.
Soviel als erste Andeutung dieser drei ausgewählten Gestalt-Gesetze zum besseren Verständnis mehr oder weniger Gestalt-Qualitäten.
Alle 3 Gestalt-Eigenschaften
oder
Gestalt-Gesetze

> stehen in engster Beziehung,
> in engster Wechselwirkung zueinander.

Je prägnanter die Figur, d. h. je klarer die Grenzausbildung, um so stärker der Zusammenhang der Teile, also um so stärker die Übersummenwirkung und um so größer die Figur-Grund-Wirkung, d. h. die Umschlags-Wirkung, daß man einmal die Figur und einmal den Grund als

> intendierte, beachtete Gestalt sehen kann.

Aufgelöste, lockere Gruppierungen sind schwer als Gestalten erkennbar,

> wenn keine Prägnanz in der Grenze, dann auch keine Übersummenwirkung der Ganzheit und keine klare Figur-Grund-Wirkung.

Prägnanz-Prinzip an Beispielen des landschaftlichen Bauens

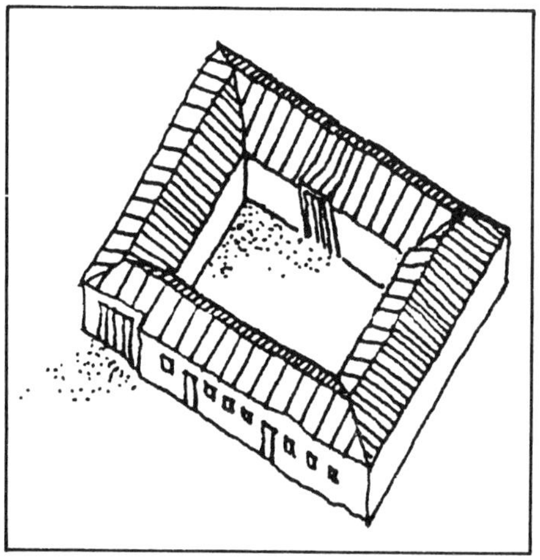

Hohe Gestalt-Qualität durch oft maximale ‹Prägnanz›, d. h. Klarheit, Knappheit, Einfachheit der Baukörper.

Prägnant begrenztes Dorf in der Landschaft.

Fehlende Gestalt-Qualität durch nicht eingebundene, die prägnante Gestalt zerstörende ‹funktionale› Bauteile oder Zutaten (links).

Prägnanz-Prinzip an städtebaulichen Gegenüberstellungen früher und heute

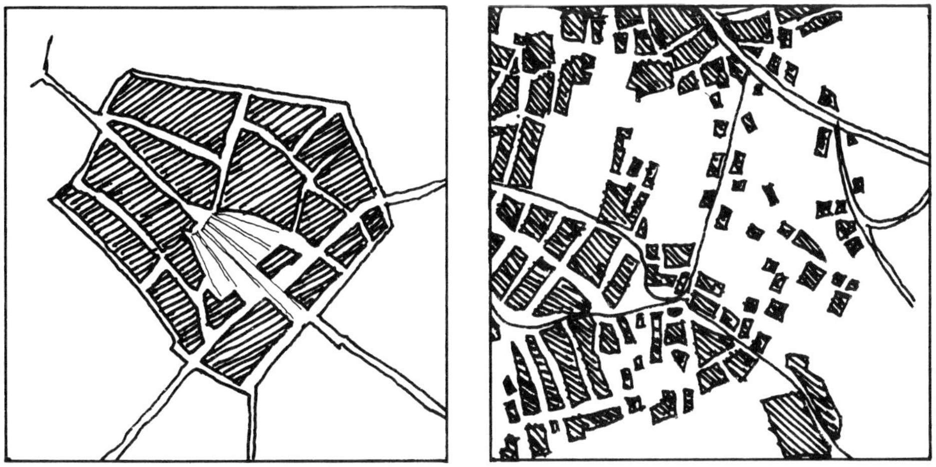

Lingen
Stadtgrenze früher und heute

Nördlingen
Straßenraum-Grenze früher und heute

München
Baukörper-Grenze früher und heute

Prägnanz-Prinzip in der Stadt-Gestaltung

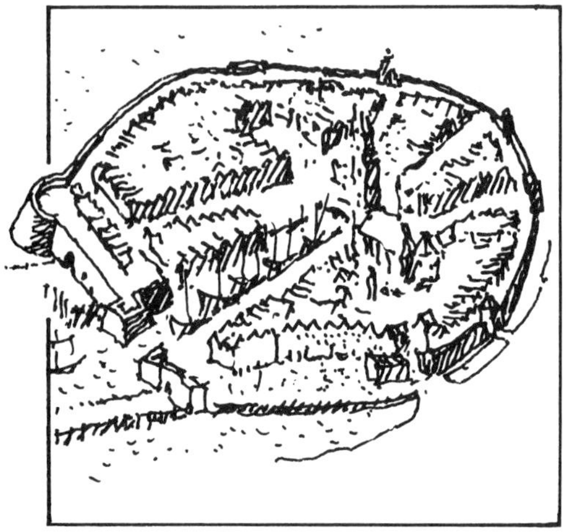

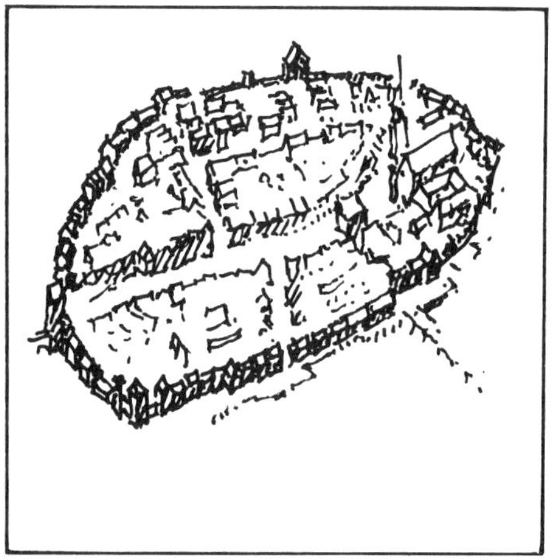

Entweder prägnante äußere Grenzen der Stadt-Gestalt

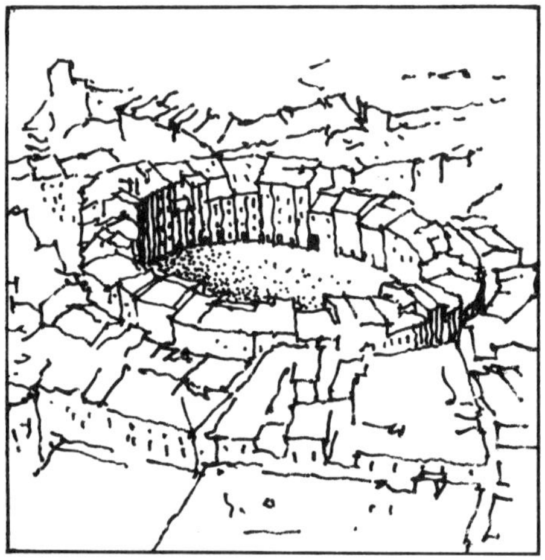

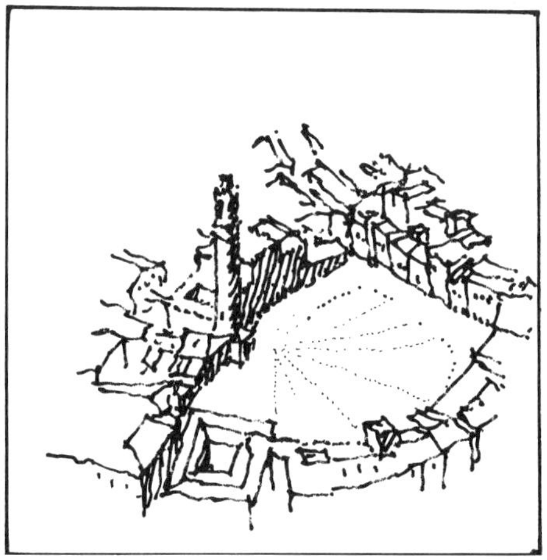

oder prägnante innere Begrenzungen der Platz- oder Straßen-Raum-Gestalten.

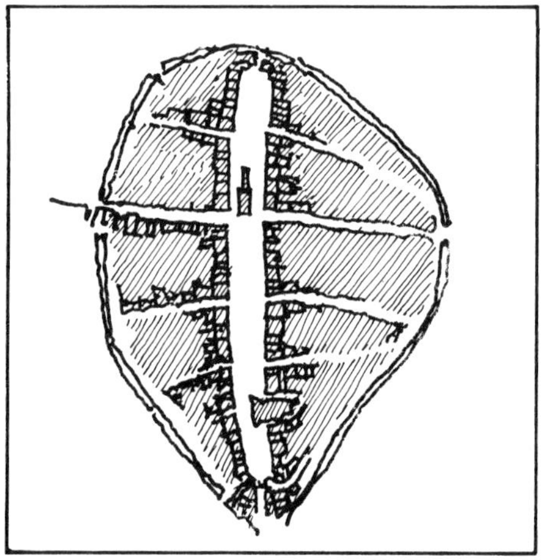

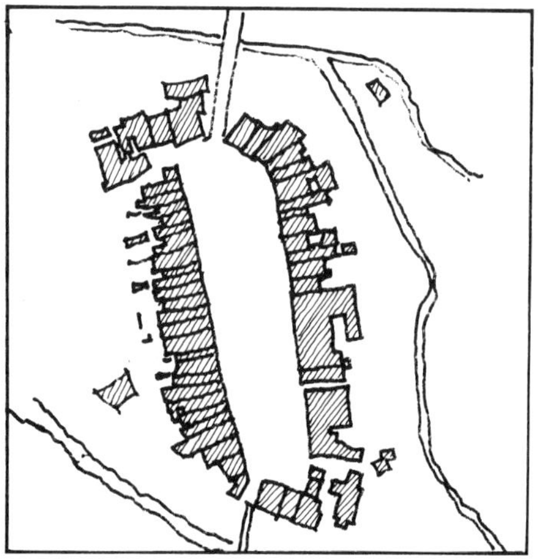

Am besten beides: klar begrenzte städtebauliche Übersummen mit klar begrenzten öffentlichen Räumen.

Prägnanz-Prinzip an Gegenbeispielen von zu prägnanten – und etwas aufgelockerten Gestaltungen

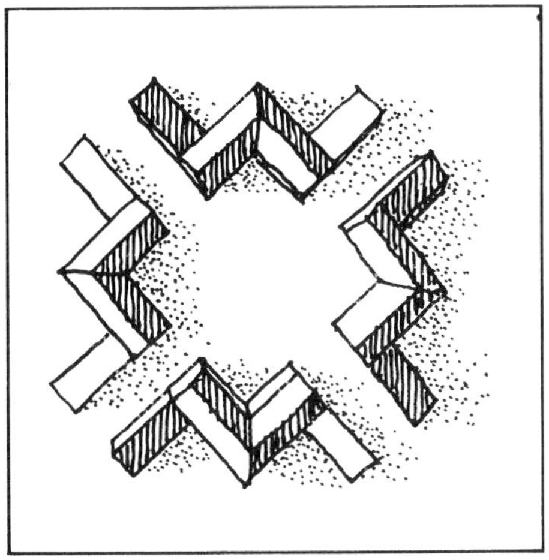

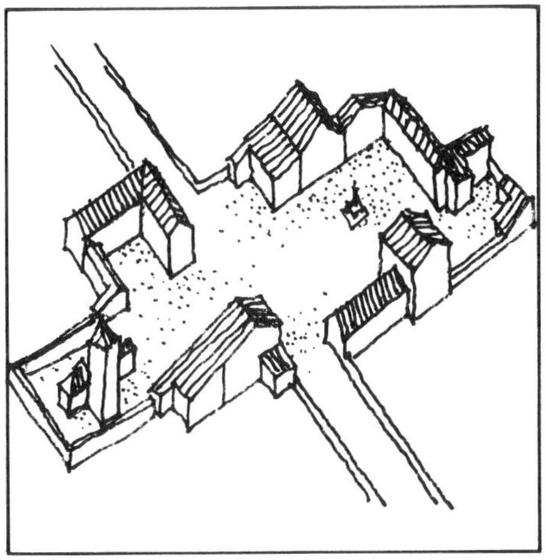

Zu viel Prägnanz und Bindung ohne gleichzeitige Unregelmäßigkeiten, Ausnahmen oder Besonderheiten verletzt das Freiheitsbedürfnis und wird als unangenehm empfunden (links).

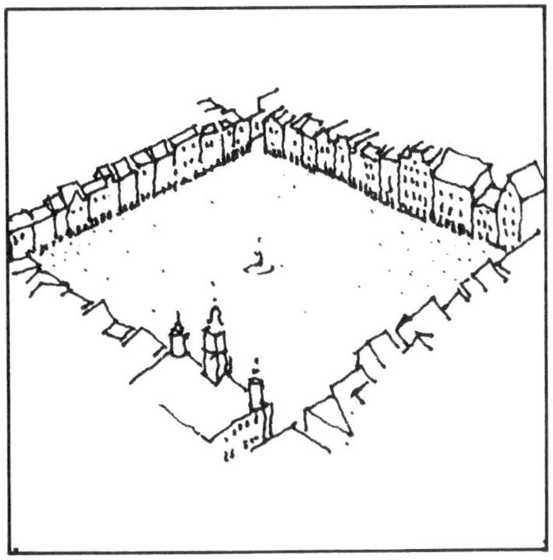

Bei zu prägnant begrenzter Raum-Gestalt kann das Gleichgewicht zwischen Bindung und Freiheit durch starke Unterschiede zwischen den Teilen (Häusern) wiederhergestellt werden und umgekehrt:
eine zu lockere Raumform verlangt nach prägnanten Baukörpern, um den Ausgleich zwischen Bindung und Chaos zu erreichen.

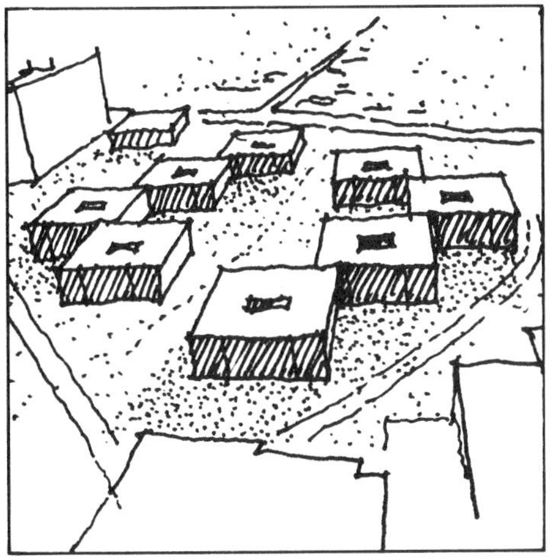

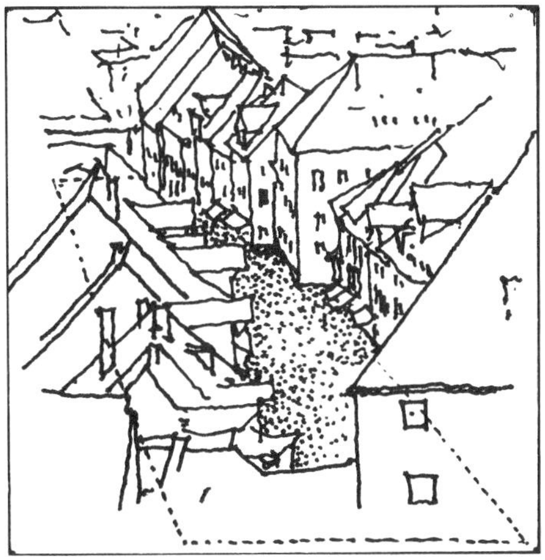

Zu prägnante Baukörper dagegen brauchen eine entsprechend unprägnante Zwischenraum-Form, wogegen sehr variantenreiche Begrenzungsbauten nach einer klaren knappen Raum-Gestalt verlangen.

Zu viel Prägnanz = Monotonie

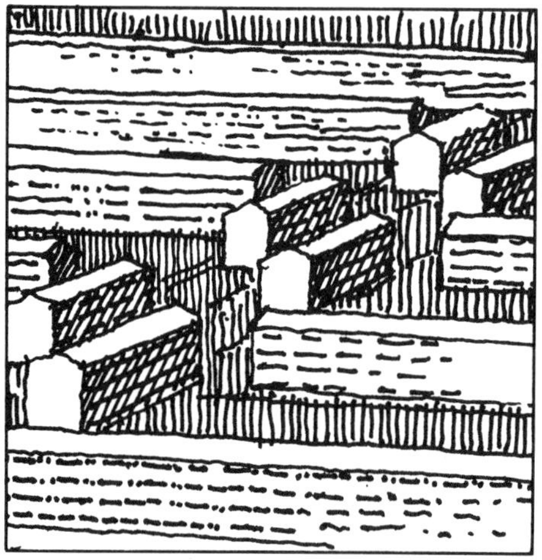

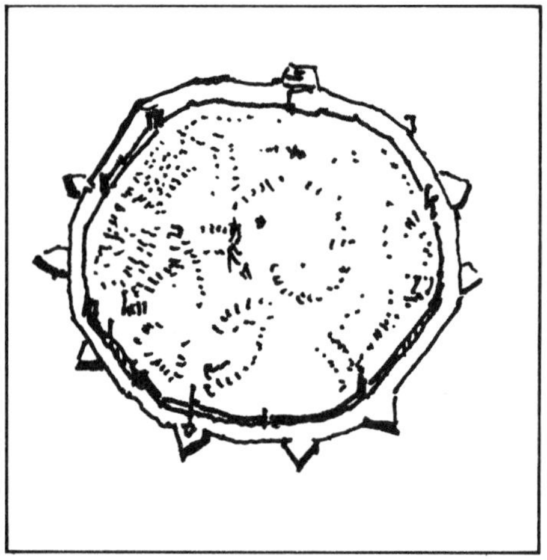

Alte Städte hatten oft sehr prägnante Stadt-, Platz- oder Straßen-Begrenzungen – bei gleichzeitiger Vielfalt in der Haus- und Detail-Gestaltung (Nördlingen).

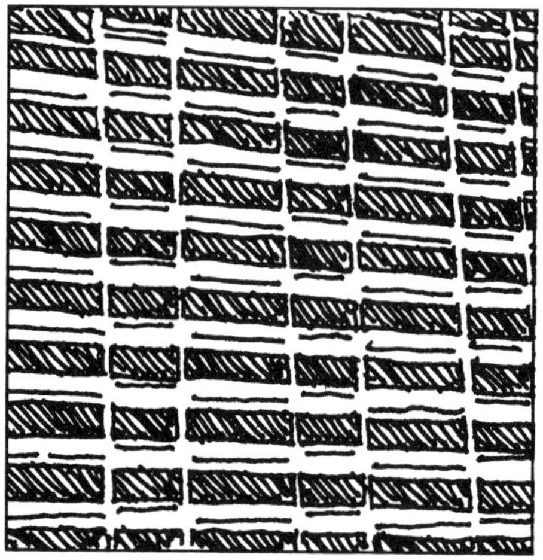

Der Stadtbenutzer jedoch sieht diejenigen Dinge zuerst, die seinen Sinnen am nächsten liegen, also die Detail-Vielfalt im Fußgängerbereich und nicht die Lebendigkeit der großen Baumassen-Gruppierungen aus der Vogel- bzw. Preisrichterperspektive.

Prägnanz, aber nicht zuviel
(Studenten-Übung)

Stärkere Auflösung bei Erhaltung des Zusammenhangs, z. B. durch gleichartige Dachform- und -neigung befriedigt unser Sicherheits-Bedürfnis (durch Ordnung) und Freiheits-Bedürfnis (durch Auflockerung).

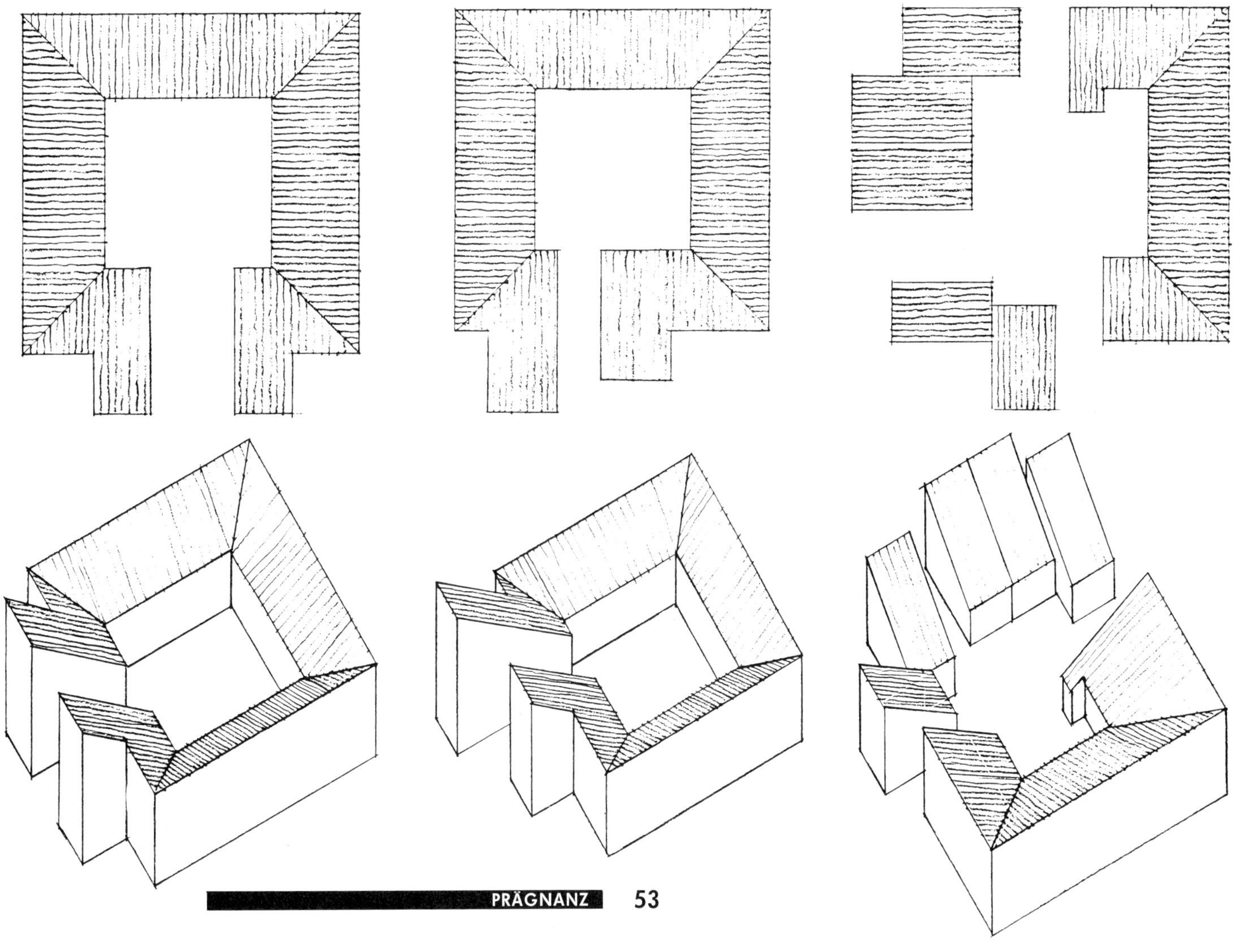

Prägnante Bau- und Detailformen am Beispiel neuer Häuser in der Nähe von Lugano. Architekt: Botta.

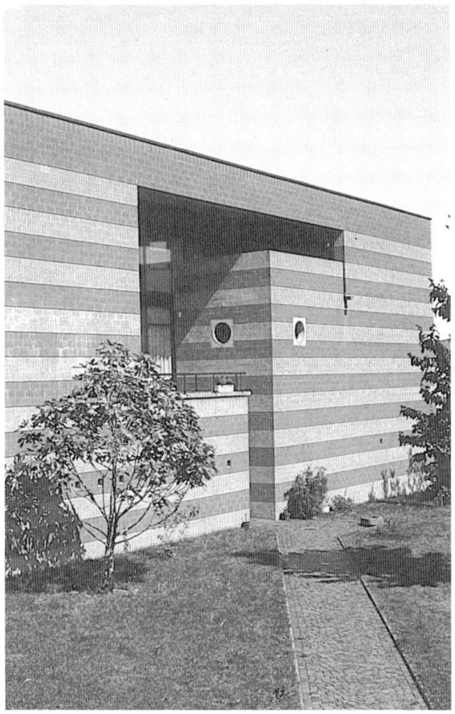

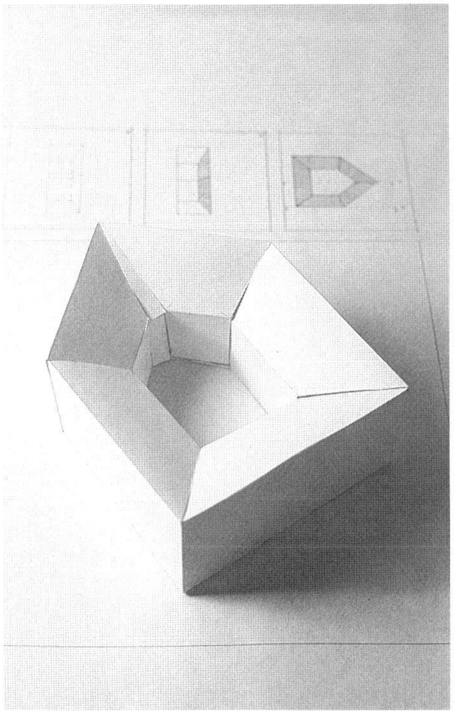

Studenten-Übungen zur Prägnanz und Entwurf einer Straßenrand-Bebauung in München mit prägnanter Außen- und unprägnanter Innenbegrenzung (unten links).

Unprägnante neue und alte Architektur. Der Formenreichtum bewirkt eine Gestalt-Schwächung bzw. eine Gestalt-Auflösung.

Prägnante neue und alte Baubeispiele.
Gute Gestalten haben klare Grenzen.

Hohe Prägnanz, also Knappheit, Klarheit, Einfachheit und Geschlossenheit in der Baukörper-Begrenzung.

Fehlende Prägnanz durch zu große Formenvielfalt und Auflösung der Umrisse bzw. Unklarheit in der Baugrenze.

2 Seh-Gesetze

Oder über das Wahrnehmen von Bau- und Raum-Gestalten:
Zum Wahrnehmen unserer Umwelt, um das ‹Wahre nehmen› oder aufnehmen zu können, bedienen wir uns der verschiedenen Wahrnehmungssinne:

Hören, Riechen, Sehen, Tasten usw.

Vor allem dem Sehen kommt dabei eine überragende Bedeutung zu. Fast neun Zehntel unserer Information über die Umwelt beziehen wir durch die Augen. Sehen kommt vor Sprechen; unsere Kinder lernen sehen, lange bevor sie sprechen können. Man kann den Menschen im Vergleich zu anderen Lebewesen daher auch als Seh-Tier bezeichnen. Unser Sehen hat in der weit über 600000jährigen Entwicklungsgeschichte des Menschen einen entscheidenden Anteil an der führenden Rolle des Menschen unter allen Lebewesen.
Der Seh-Sinn hat sich beim Menschen als der wichtigste Sinn im Kampf ums Dasein herausgebildet. Dabei versucht unser Sehen auf zwei Arten, Gestalten zu erkennen:

1. Es versucht, *Umrißstücke* zu zusammenhängenden *Umrißlinien* oder zu einer möglichst zusammenhängenden Silhouette oder Gestalt zu verbinden.
2. Es versucht, *Einzelpunkte* zu kleineren *Flächenstücken* gleicher Farbe oder Oberflächenbeschaffenheit zu größeren Zusammenhängen oder Gruppierungen zusammenzuschließen. Aus der unendlichen Fülle von punktförmigen Einzelinformationen versucht das Sehen automatisch, die Punkte gleicher Graustufe, Farbe oder Oberflächenbeschaffenheit zu kleinen Figuren oder Flächenstücken und diese zu einer größeren Figur oder Gestalt zu verbinden, um dadurch die übergroße Fülle von Information auf eine überschaubare Zahl von Zusammenhängen oder Gestalten zu reduzieren.

Wir fühlen uns unwohl und unsicher, wenn es uns nicht gelingt, in unserer Umwelt solche Figuren oder Gestalten erkennen zu können, umgekehrt – wir fühlen uns wohl und erleichtert, wir fühlen uns sicher, wenn es uns gelingt, in unserem Gegenüber, in dem, was wir sehen, irgendwelche Gruppierungen oder figurhaften Gestalten zu erkennen, die uns helfen, uns zurechtzufinden, uns zu orientieren.
Das blitzschnelle Erkennenkönnen eines Feindes, das rasche klare Unterscheiden einer feindlichen Gestalt, eines lebensbedrohenden Umrisses, z.B. hinter einem Gewirr von Zweigen, diese überragende Seh-Fähigkeit des an Körperkraft und Schnelligkeit vielen Tieren unterlegenen Menschen war für das Überleben des Menschen eine existentielle Notwendigkeit.
Auf diesem entwicklungsgeschichtlichen Hintergrund, auf dieser fast in einer Million von Jahren antrainierten Fähigkeit beruht die Eigenart unseres Sehens, alles was uns vor die Augen kommt, reflexartig nach geschlossenen möglichst einfachen Umrissen, Figuren (nicht nur Feind- oder Nahrungs-Gestalten) abzutasten.
Damit kommen wir zum ersten Seh-Gesetz, dem Prinzip der Gleichartigkeit, das besagt, daß unser Sehen immer Punkte, Linien oder Flächen gleicher Art zu Gruppen oder Gestalten verbindet, und zwar automatisch mit einer fast gesetzmäßigen Regelmäßigkeit oder Fixierung, so daß man von einer Art Seh-*Gesetz* sprechen kann.
Dieses Seh-Gesetz der Gleichartigkeit dient uns auch zur Beantwortung der Frage: warum uns eine gleichartigere Bau-Gestalt, z.B. ein Giebel, nur aus Holz, im Vergleich zu einem anderen, bei dem Beton, Putz, Holz, Naturstein und Ziegel vorkommt, besser gefällt, eben weil er gleichartiger ist, sich von unserem Seh-Sinn leichter zu einer Ganzheit zusammenziehen und damit als Gestalt erkennen läßt.
Höhere Gleichartigkeit ermöglicht einen größeren Zusammenhang, und das empfinden wir als mehr Gestalt-Qualität, als eine bessere Gestalt.

Oder ein Innenraum-Beispiel:
Warum gefällt uns so ein reiches, aus zu vielen farbigen Elementen zusammengesetztes Zimmer weniger gut als ein gleichartigeres, z.B. einheitlich beige gestaltetes?
Antwort: Wieder ist das Prinzip der Gleichartigkeit, das es in dem monochromen Zimmer ermöglicht, sämtliche Elemente des Zimmers zu einer nächst höheren Gruppe oder Ganzheit bzw. Gestalt zusammenzuziehen. Wogegen es in dem vielfarbigen, aus vielen zu verschiedenen Formen, Farben zusammengesetzten Zimmer nicht möglich ist, nächst höhere Gruppierungen, Ganzheiten oder Gestalten herzustellen.
Weil unsere Sinne pausenlos auf der Jagd nach Zusammenhängen sind, fühlen wir uns wohler bei dem Anblick einer Gruppierung, die sich durch irgendwelche Gleichartigkeiten leichter zu einer Ganzheit oder Gestalt verbinden lassen.

Wir fühlen uns um so wohler, je mehr wir Zusammenhänge sehen, aber nicht nur sehen, sondern auch hören, z. B. in der Musik, und fühlen, z. B. im Zusammenhang von Musik und Tanz, oder spüren, z. B. im sozialen Zusammenhang, in der sozialen Einbindung in einer Gruppe.
Zusammenhang schafft Sicherheit, Übersicht, Ordnung, Orientierung und Einbindung. Fehlender Zusammenhang erzeugt Unsicherheit, keine Übersicht, sondern Isolation. Auf eine solche Isolation reagieren wir mit Angst und Unwohlsein. Soviel zu einem der wichtigsten Seh-Gesetze, dem Gleichartigkeits-Prinzip, mit dem wir sehr häufig die Frage beantworten können: Was genau gefällt mir an diesem Beispiel so gut, wenn wir uns an einem gut gestalteten, oft alten Haus, Dorf oder Stadtteil erfreuen? Als eine der vielen Antworten zeigt sich fast immer wieder, daß hier besonders starke Zusammenhänge spürbar sind, daß hier die verschiedensten Teile mittels Gleichartigkeiten der Form, der Farbe, der Größe, der Proportion zu einer Übersumme, Ganzheit oder Gestalt zusammengezogen werden können.
Es ist offensichtlich, daß das Seh-Gesetz der Gleichartigkeit die Ursache oder Grundlage für das Gestalt-Gesetz von der Übersummen-Wirkung ist.
Nun zu einer weiteren Wahrnehmungs- und Seh-Gewohnheit: Dem Prinzip der *Geschlossenheit;* wobei sich diese Geschlossenheit vor allem auf die Umrißlinie bezieht. Unser Sehen sucht sich immer die einfachste, klarste, zusammenhängendste Umrißlinie heraus.
Auf diesem Seh-Gesetz der Geschlossenheit beruht das sog. Prägnanz-Prinzip. Ein klarer, knapp und einfach gestalteter Gebäudeumriß erscheint uns z. B. als eine bessere Gestalt, als ein durch Anbauten oder Umbauten aufgerissener, verunklärter Hausumriß. Je klarer, einfacher, geschlossener – kurz: prägnanter – ein Baukörperumriß erscheint, um so höhere Gestalt-Qualitäten können wir an ihm entdecken und um so besser gefällt er uns.
Ein weiteres Seh-Gesetz, das der Nähe, zeigt, daß wir mit gesetzmäßiger Gewohnheit oder Fixierung stets die nahen zusammenliegenden Teile für eine nächst höhere Gruppierung oder Gestalt zusammenziehen, z. B. einzelne Sternpunkte zu irgendwelchen Bildern, einzelne Buchstaben zu Wortgruppierungen, Fenster zu Fensterachsen, Fensterreihen usw.
Das Seh-Gesetz der *Spiegelgliedrigkeit* erklärt, warum wir unter allen möglichen Figuren immer zuerst diejenigen als Figuren erkennen, die das größte Gleichgewicht der Form aufweisen, also am symmetrischsten sind. Bei verschiedenen Figurierungen in einem gegebenen Rahmen, in einem Ausschnitt, sehen wir zuerst dasjenige als Gestalt, welches das größte Gleichgewicht in diesem Rahmen oder Feld hat, das also am symmetrischsten in einem gewissen Ausschnitt bzw. Gesichtsfeld angeordnet ist.
Vergleichen wir noch einmal zwei Fassaden:
Bei der einen bilden die Fenster durch ihre Nähe bzw. durch ihre symmetrische klare Zuordnung eine prägnante Öffnungsgestalt; bei der anderen widersetzt sich die verstreute Anordnung dem Versuch unseres Sehens, nahe beieinanderliegende Öffnungen zu einer Öffnungsgruppierung oder Gestalt zusammenzuziehen, weil die Öffnungen in sehr unterschiedlichen Abständen zueinander gruppiert wurden.
Die symmetrische Anordnung erkennen und verstehen wir zuerst, sie befriedigt unsere auf Gestalt-Bildung erpichten Sinne, wenn auch nach längerer Beschäftigung sich leicht das Gefühl von Banalität und Langeweile einstellt. Die chaotische Öffnungsgestaltung bleibt unbefriedigend, falls hier nicht Ausgewogenheit an die Stelle von Symmetrie tritt.
Viele Fassaden-Kompositionen, z. B. an Bauten der Jahrhundertwende, zeigen daher eine ausgewogene lockere Komposition mit Teil-Symmetrien, also symmetrisch gestaltete größere Fassaden-Teilbereiche, wodurch wiederum Ordnungs- und Freiheitssinn Befriedigung finden.
Soviel zu dieser kleinen Auswahl von Seh-Gewohnheiten, sog. Seh-Gesetzen, die alle zusammen dafür verantwortlich sind, daß wir beim Wahrnehmen unserer Umwelt einmal mehr oder weniger viel Zusammenschlüsse bzw. Gestalten oder Gestalt-Qualitäten herstellen bzw. sehen können.

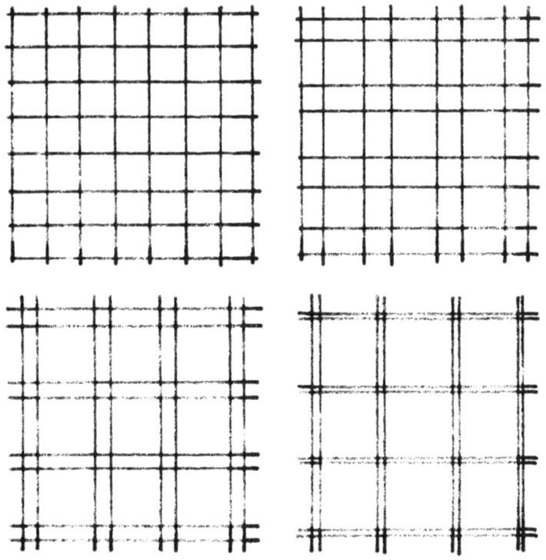

2.1 GESETZ DER NÄHE

Wir ziehen mit gesetzmäßiger Fixierung immer die nahen, zusammenliegenden Teile zu einer größeren Figur oder Gestalt zusammen.
Isoliert angeordnete Teile lassen sich nicht zu nächst höheren Gruppierungen oder Gestalten verbinden, umgekehrt ermöglicht die nahe Zuordnung von Elementen die Vereinfachung der Wahrnehmung, die leichtere Orientierung, Ablesbarkeit und damit das Wohlbefinden.

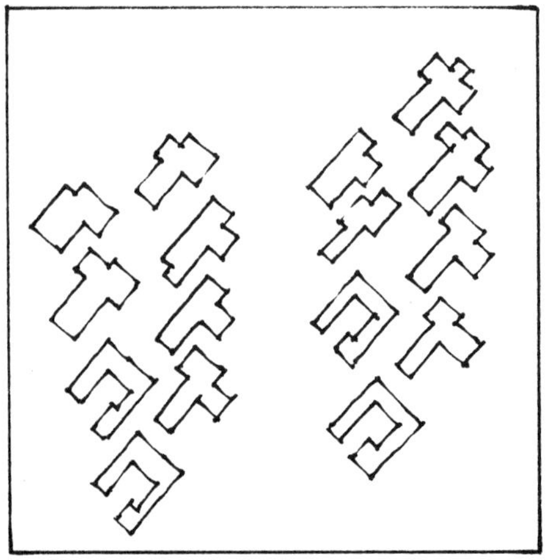

Die Ak zid enz-Gro teskh alb fe ttist vo nein ma liq er Qual ität d es Schn itt es undderPr opo rtion. Si eist einhervo rra gend es Bei spielfürdenvoll komme nenSc hriftschnittKen nerder Mate riewissendiesd ennman

2.2 GESETZ DER GLEICHARTIGKEIT

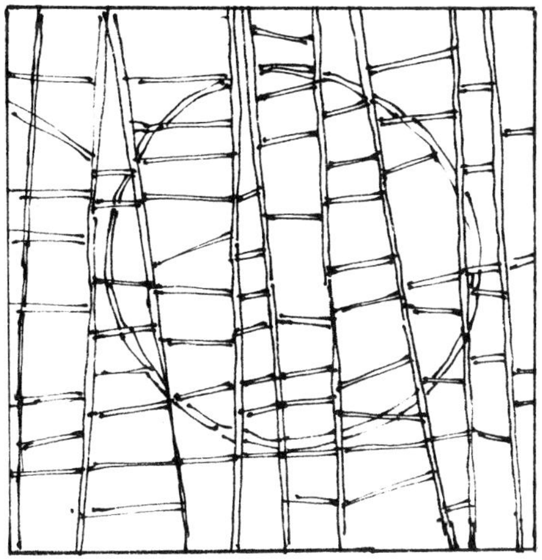

Dieses Seh-Gesetz kann all die bisher genannten Ursachen für Gestalt-Bildung oder Zusammenschlüsse beim Sehen überspielen.
Immer dominiert bei der Wahrnehmung dieses Gesetz der Gleichartigkeit über alle anderen Seh-Gesetze.

Z. B. trotz größerer Nähe oder durchlaufender Linien werden die Teile mit gleichen Farben, Formen, Materialeigenschaften zu einer Gruppe bzw. nächst größeren Gestalt zusammengezogen.
Im Zweifelsfalle dominiert dabei die Farbe über die Form.

Höchstmögliche Gleichartigkeit zwischen den Teilen eines Bauwerkes z. B. oder zwischen Bau und Umgebung durch gleiche Farben, Formen, Texturen, Materialien wird als hohe Gestalt-Qualität empfunden.
Aber nicht zuviel, da sonst monoton.
Gleich starke Figur-Qualität für die Baukörper-Gruppe und den Hintergrund.

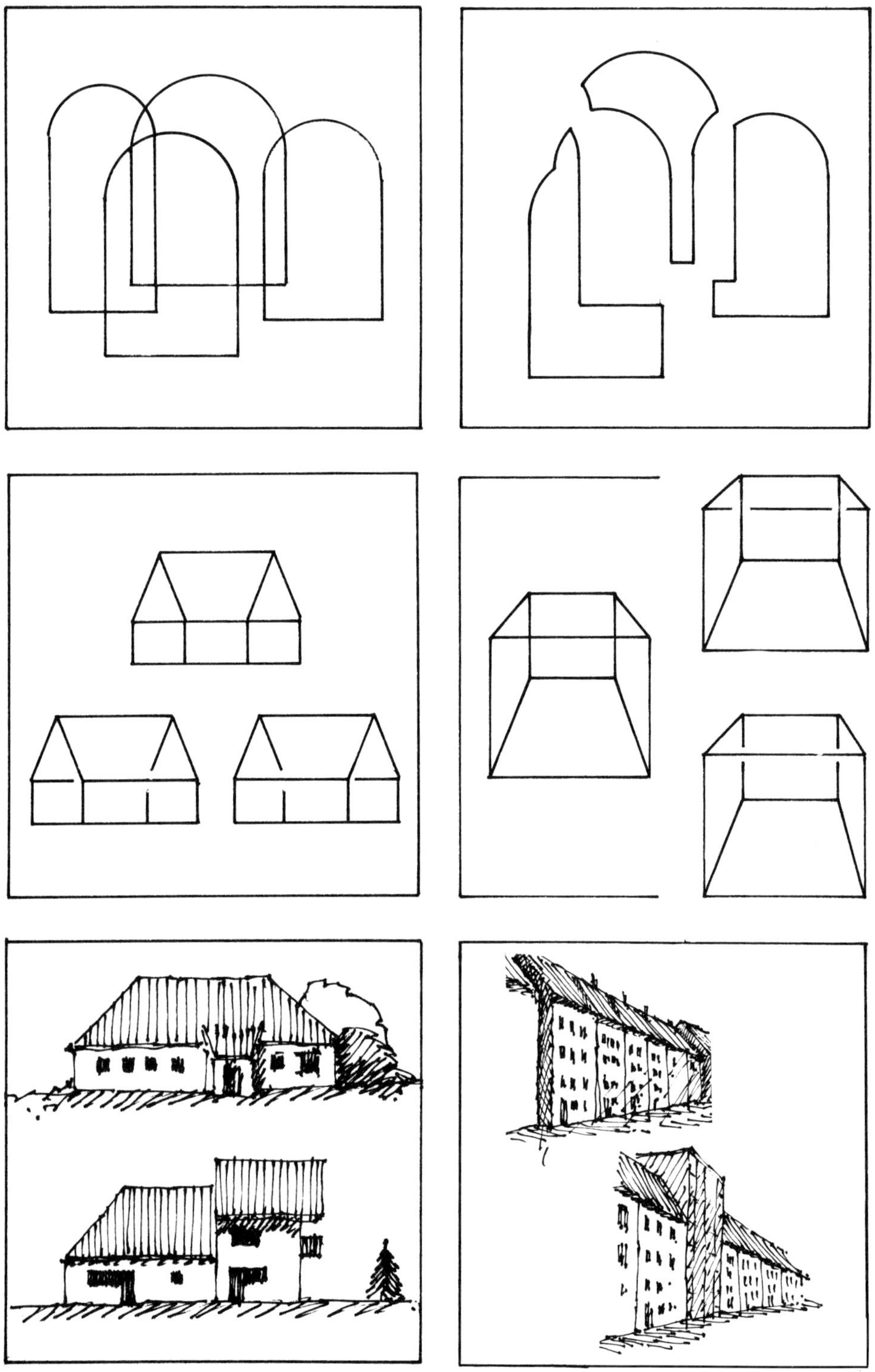

2.3 GESETZ DER DURCHLAUFENDEN LINIE

Unser Sehen schließt immer die glattesten durchlaufenden Linien zu einer Gestalt zusammen. Bei mehreren, durchlaufenden Linien entscheidet sich unser Seh-Sinn für die größere Einheitlichkeit im großen.
Absichtlich durchbrochene Umrißlinien helfen somit bei der Gestalt-Interpretation (Mitte).
Unterbrochene Umriß-Linien schwächen die Prägnanz und damit die bauliche Gestalt-Qualität.

2.4 GESETZ DER GESCHLOSSENHEIT

Beim Sehen sucht unser Seh-Sinn unbewußt sofort nach der geschlossensten aller möglichen Figuren, nach dem Umriß mit der glattesten, durchlaufendsten einfachsten Umriß-Linie, oder:
Die geschlossenen knappen Umriß-Gestalten haben mehr Gestalt-Qualität als die aufgelösten.
Siehe auch: Prägnanz-Prinzip S. 47ff.

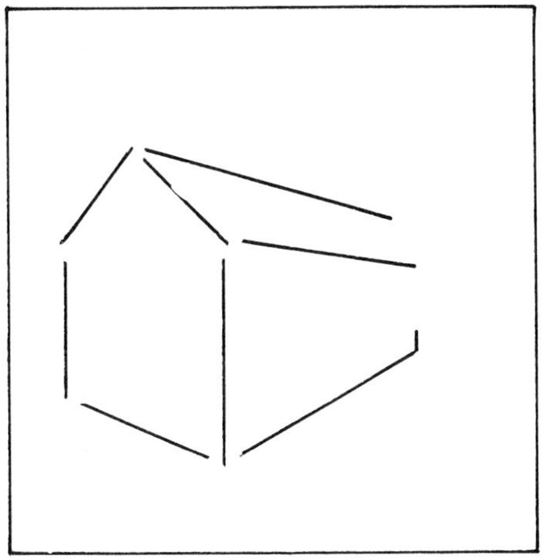

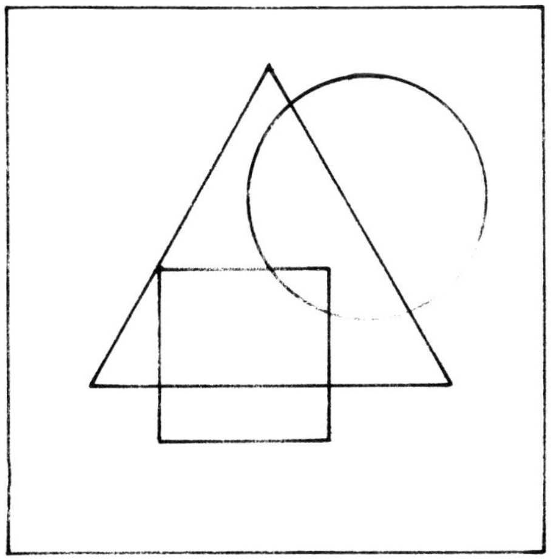

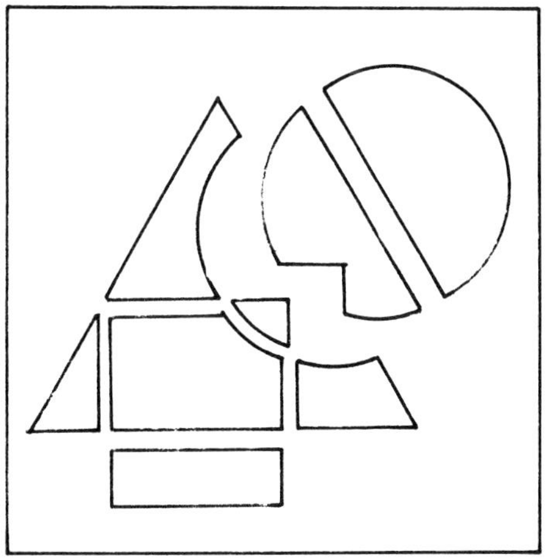

2.5 GESETZ DER SPIEGEL-GLIEDRIGKEIT

Wir wählen in unserem Gesichtsfeld unter allen möglichen Gestalten immer diejenige als Figur aus, die das größtmögliche Gleichgewicht der Form aufweist.
Bei Veränderungen des Bildausschnittes kann die Figur zum Hintergrund werden und der bisherige Hintergrund sich als Figur aufdrängen.
Unser Sehen versucht, immer die einfachste, regelmäßigste, symmetrischste aller möglichen Gestalten zuerst zu erkennen. Deshalb werden symmetrische Gestalten als höhere Gestalt-Qualität erlebt als unsymmetrische:

hier: Die 2. Figur von links.

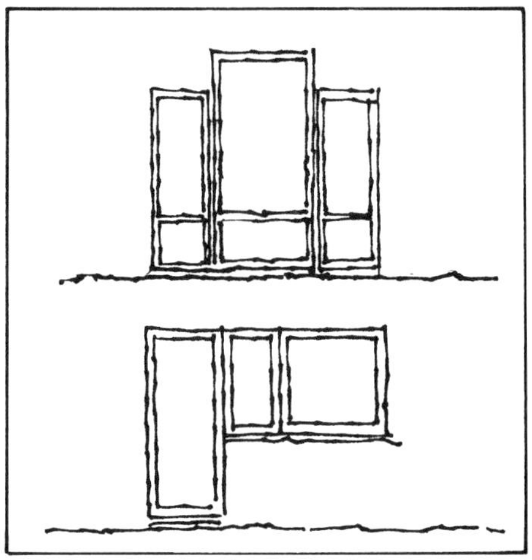

hier: Die beiden oberen Beispiele.

2.6 GESETZ VOM EINSEITIGEN SEHEN VON GRENZLINIEN

Gestalt-Grenzen sehen wir nur als Begrenzung der inneren Gestalt, wir sehen sie nicht gleichzeitig als Begrenzung der umgebenden Restflächen.
Die verbleibenden Wandflächen einer Fassade z. B. werden meist nicht gesehen und daher meist auch nicht als gleichrangige Gestalten behandelt.
Bei guter Architektur jedoch sind auch diese Umgebungsflächen oder Zwischenräume genauso durchgestaltet wie die Öffnungen selbst.

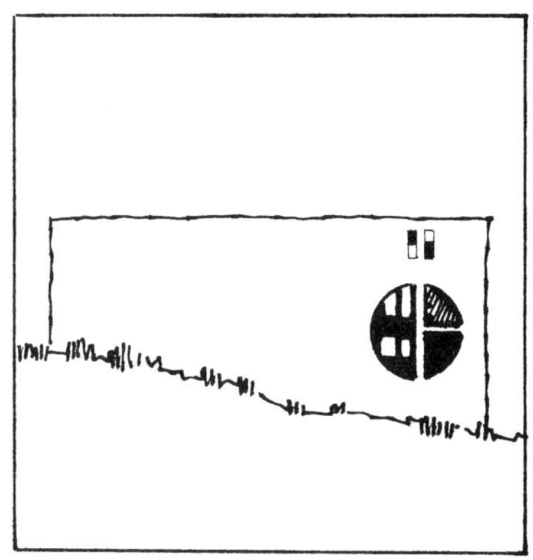

Durch Gleichartigkeit von Material bzw. Farbe werden sehr unterschiedliche Teile, wie Haus und Untergrund, Bau + Detailformen als Übersumme bzw. Gestalt erlebbar.

Unterschiede in der Farbrichtung sollten von Gleichartigkeiten in der Farb-Reinheit oder -Helligkeit gemildert werden. Kontrastfarben nur in kleineren Mengen verwendet, stören diese Gleichartigkeiten nicht, sondern beleben.

Auch durch Gleichartigkeiten in den Formen, Größen, Proportionen können alt und neu zu einer Ganzheit oder Übersumme verbunden werden.

Zu viele Formen, Farben, Materialien zerstören den Zusammenhang und die Gestalt-Qualität auch bei der Raumgestaltung (oben links) – oder Gleichartigkeiten sind immer noch das wirksamste Mittel beim Herstellen einer Raum-‹Gestalt›.

Oft hilft schon das Vereinheitlichen von einem oder zwei Elementen (siehe veränderter Kaminsockel) um den Zusammenhang und die Gestalt-Qualitäten zu vergrößern, ohne den belebenden Kontrast ganz aufzuheben.

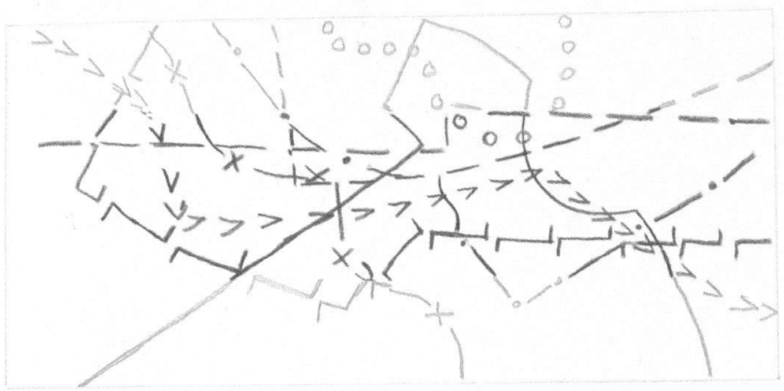

Farbe bricht Form
Sämtliche die Gestaltbildung beim Sehen verursachenden Seh-Gesetze können durch das Gesetz der Gleichartigkeit dominiert werden. Mit Gleichartigkeiten, wie z. B. die der Farbe, können das Gesetz der Nähe und der durchlaufenden Linie, das Gesetz von der größeren Einheitlichkeit im Großen, das Gesetz der Geschlossenheit, ganz leicht überspielt werden.
Farbe kann somit gestaltauflösend wirken, was man besonders beim Schminken und Maskenbilden, aber vor allem in der Mode, immer wieder demonstriert findet.

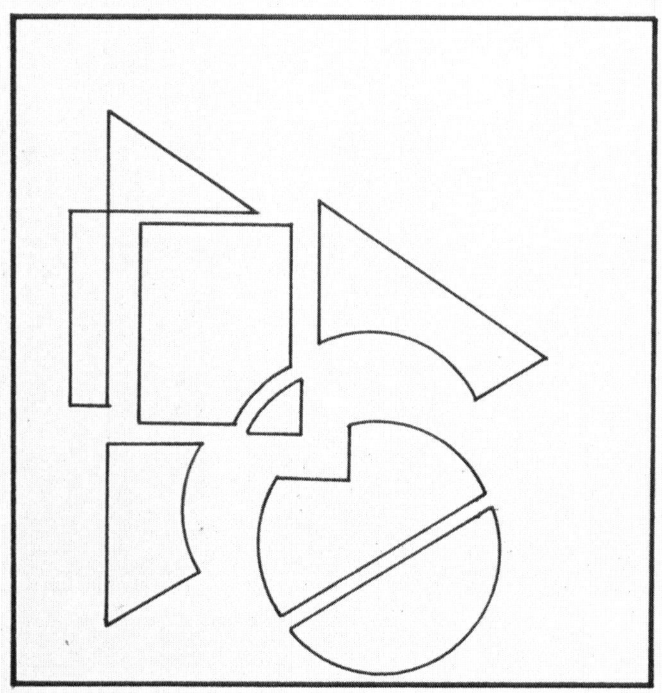

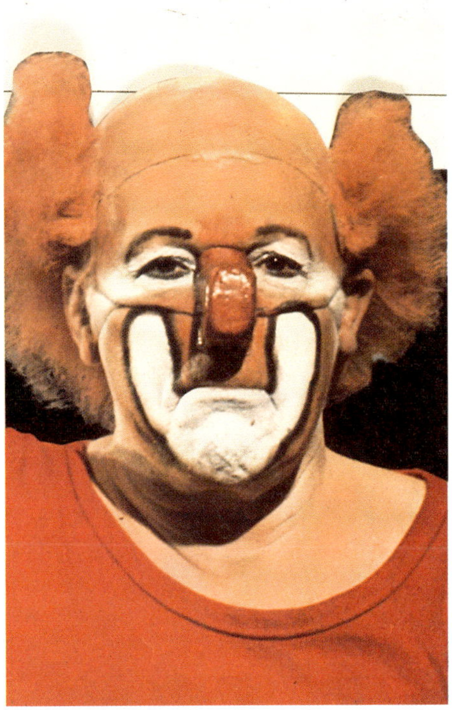

Coca-Cola

600

BI

Bild 3
Bild 4

Bild 11
Bild 12

Farbe bricht Form
Beispiele für das Zerstören von prägnanten Gestalten durch ungleichartige Farben.
Einsatz von Farbe, nicht um die Tektonik des Bauwerkes zu betonen, sondern um deren Fehlen mit willkürlichen Differenzierungen zu kaschieren.

Farbe bricht Form
An einer riesigen flachen schwarzen Hinterhofmauer, mit angebauten Garagen wurde mit Farbe und Perspektive räumliche Tiefe vorzutäuschen versucht (Verfasser).

Übungs-Aufgabe: Brandmauer-Gestaltung
Diese Art der heute wieder verbreiteten Fassaden-Malerei ist oft das preiswerteste Mittel, häßliche bzw. ungestaltete Giebel- oder Hofwandscheiben wohlgefälliger zu differenzieren.

Farbe in der Innenraum-Gestaltung – wirksamstes Mittel, um zusammenhängende Gestalten (Gruppen) zu zerlegen
oder
nicht zusammenhängende Elemente wahlweise zu dieser oder jener Gruppe (Gestalt) zu verbinden.

Ähnliche Sessel-Formen durch unterschiedliche Farben auseinanderdividiert. Es kann keine nächsthöhere Gruppe (Sitzgruppe) bzw. Gestalt entstehen, da die Vielzahl der Farben und Materialien (Gestalt)-auflösend wirkt.

Trotz unterschiedlichster Formen entsteht durch die Gleichartigkeit der Farben eine zusammenhängende Raum-Gestalt.

3 Raum-Begriff

Unter der Worthülse ‹Raum› verstecken sich genauso viele verschwommene und unterschiedliche Bedeutungen wie hinter dem Begriff ‹Gestalt›.
So versteht z. B. der Mathematiker und Physiker unter ‹Raum› das genaue Gegenteil wie der Architekt.
Meint der erste den unendlichen, zweck- und eigenschaftslosen, homogenen und isotropen Raum, so meint der andere mit Raum ein exakt begrenztes Raumstück voll zweckgebundener Eigenschaften, Bedeutungen und Wirkungen.
Der architektonische Raum entsteht also durch Herausschneiden, Abgrenzen oder sonstiges Bezeichnen eines bestimmten Teiles des alles umgebenden mathematisch-physikalischen Raumes.

Aber auch unter Architekten herrschen oft unklare Vorstellungen über das, was man eindeutig mit Raum oder Raum-Bildung bezeichnen kann. Besonders zeigen viele städtebauliche Wettbewerbs-Erläuterungen deutlich die sehr vagen Vorstellungen darüber, ob, wann und wodurch architektonischer Raum gebildet wird. Da werden z. B. in einem Falle ‹Raum-Bildungen›angepriesen, deren genau gleiche Gestaltungsmittel in einem anderen Fall angeblich ‹zugige Durchgänge› entstehen lassen.
Im folgenden sollen daher einige ganz allgemeine Präzisierungen zum architektonischen Raum-Begriff versucht werden.

3.1 ZWEI ARTEN DER ARCHITEKTONISCHEN RAUM-BILDUNG

– durch Umgrenzen, Umstellen, Einhüllen –

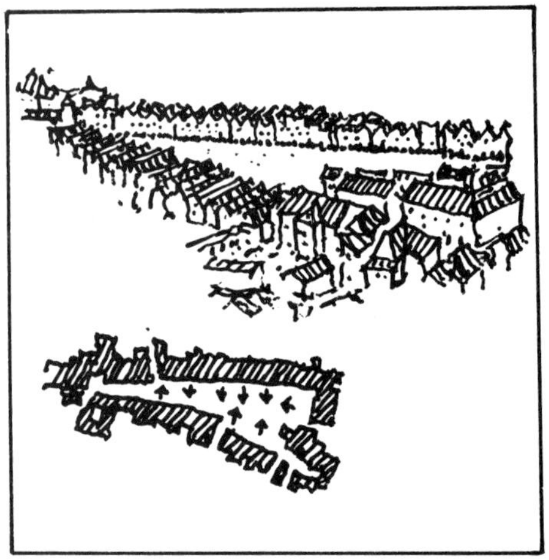

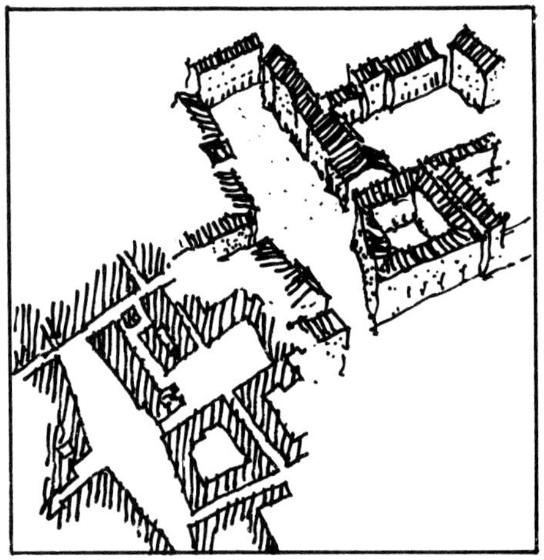

oder Herausschneiden eines bestimmten Raum-Volumens oder Innen-Raumes von umgebendem Außen-Raum.
Dieser Innen-Raum zwischen den raumbegrenzenden Elementen dient meist einer Nutzung und wird für diesen Zweck mit bestimmten Eigenschaften versehen.

– durch Markieren, Aktivieren, Abstrahlen –

oder Bezeichnen eines Ortes mit Hilfe sinnlich wahrnehmbarer Mittel, z. B. durch Töne, Gerüche, Wärme oder durch physische Objekte, wie Gräben, Löcher, Steine, Pfähle, Bäume, Mauern, Säulen oder Bauten.
In diesem Falle wird ein Ort markiert und durch bestimmte Eigenschaften vor dem umgebenden eigenschaftsärmeren Umraum ausgezeichnet.

Am besten jedoch beide Arten (Umgrenzen und Ausstrahlen) in Überlagerung für eine Steigerung der Raum-Wirkung

3.2 RAUM-EIGENSCHAFTEN

Bei der Wahrnehmung von Räumen handelt es sich um ein subjektives Erleben von objektiv vorhandenen Raum-Eigenschaften. Alle subjektiven Raum-Wahrnehmungen, Raum-Erlebnisse, die uns z. B. einen Raum als gemütlich oder ungemütlich, mit guter oder eisiger Atmosphäre empfinden lassen, werden durch einfache objektive Raum-Eigenschaften ausgelöst, die objektiv vorhanden sind, unabhängig, ob sie nun von einem Subjekt wahrgenommen werden oder nicht. Die Summe all dieser Raum-Eigenschaften bestimmt die Raum-Wirkung, die von einem Menschen als persönliches Raum-Erlebnis wahrgenommen wird.

Unterschiedliche Abmessungen und Größenverhältnisse von Länge, Breite zu Höhe.

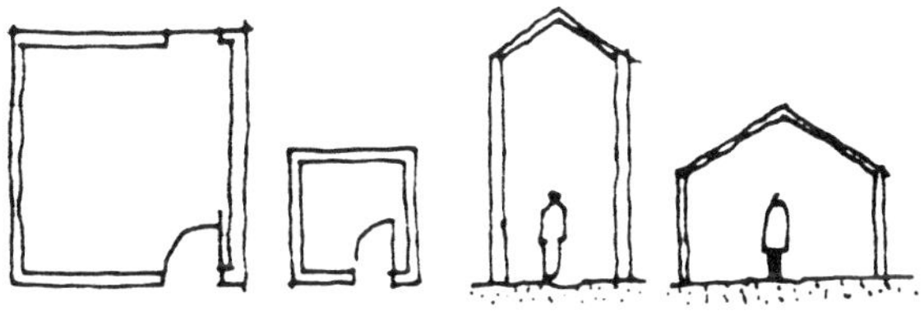

Raum-Größe

Grundriß- und Querschnittsform, rund, eckig, gerichtet oder ungerichtet usw.

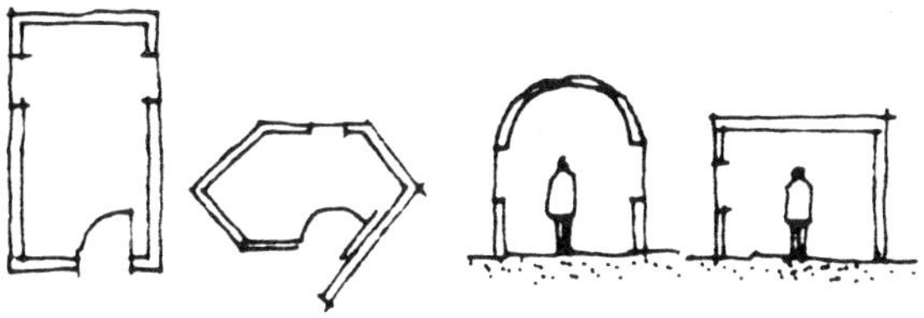

Raum-Form

Der Grad der Geschlossenheit oder das Verhältnis von Wand zu Öffnungen, Lücken, Schlitzen, Säulen, Pfeilern.

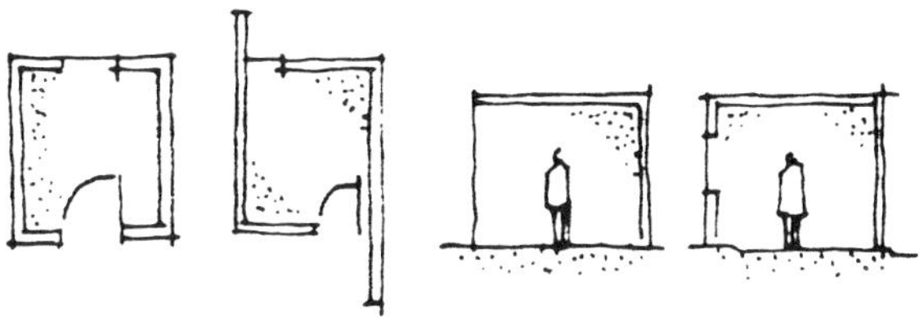

Raum-Begrenzung

Gliederung in Ruhe-, Bewegungs-, Hell- und Dunkelbereiche eines Raumes.

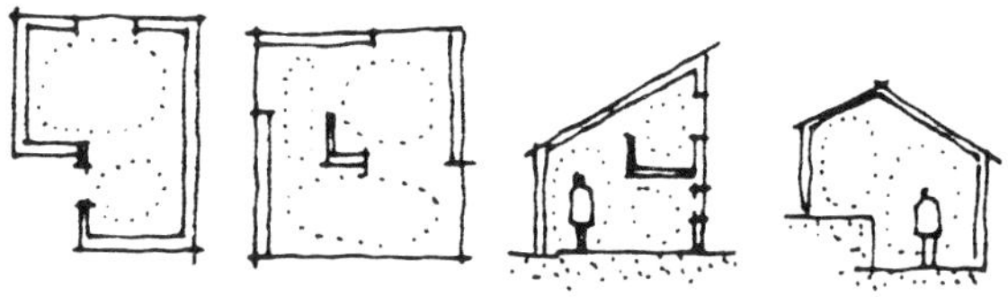

Raum-Zonung

Verhältnis von ruhigen, geborgenen, zu ‹dynamischen› zur Bewegung einladenden Raum-Zonen.

Raum-Dynamik

3.3 GRÖSSE – MASSSTAB – PROPORTION

– als objektive Raum-Eigenschaft.

Eine der grundlegenden Raum-Eigenschaften ist seine Größe.
Das Wohlbefinden in einem großen Saal oder einer kleinen Kammer auf einem großen oder kleinen Platz wird sehr unterschiedlich sein, da das Verhältnis von Länge und Breite zur Höhe sehr stark über die Geborgenheitswirkung eines Raumes entscheidet.

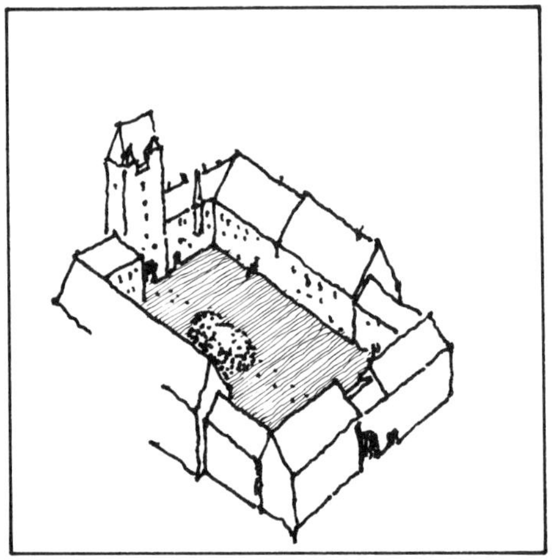

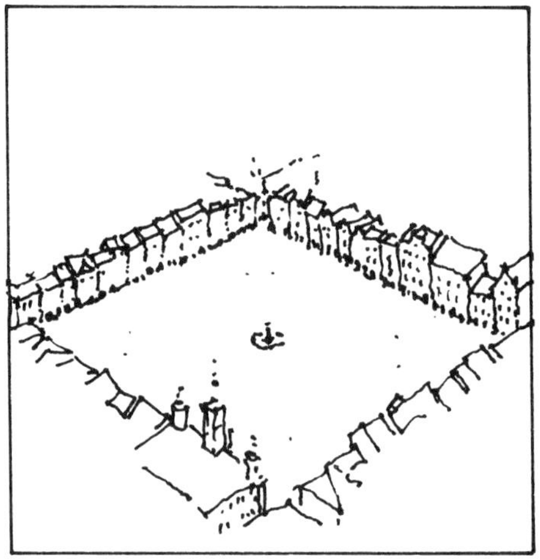

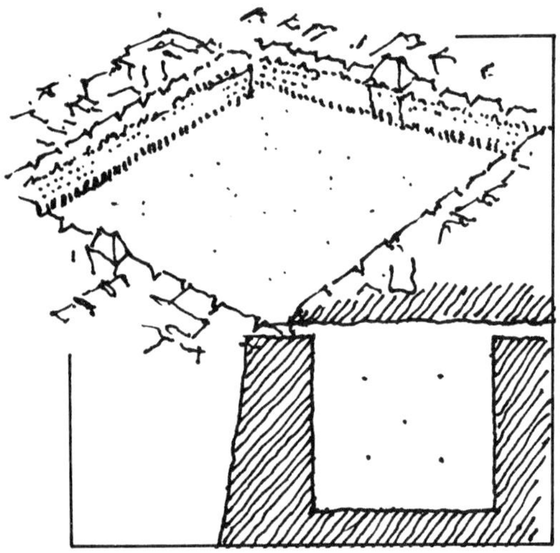

Je kleiner die Grundrißmaße im Verhältnis zur Höhe bzw. je höher die Wände im Verhältnis zur Größe, um so größer der Grad der Raum-Definition und damit die Raum- und Geborgenheitswirkung des Platzes.

3.4 FORM DES RAUMES
– als objektive Eigenschaft eines Raumes.

Eine weitere grundlegende Raum-Eigenschaft ist seine Form. Es ist ein großer Unterschied, ob ich mich in einem runden, rechteckigen oder dreieckigen Raum befinde, ob der Raum, in dem ich mich befinde, mit einem tonnenförmigen oberen Raumabschluß oder einer geraden Decke abgeschlossen wird.
Durch Ausnutzen des perspektivischen Sehens können entsprechend gestaltete Raum-Formen die Tiefenwirkung des Raumes entscheidend verändern.

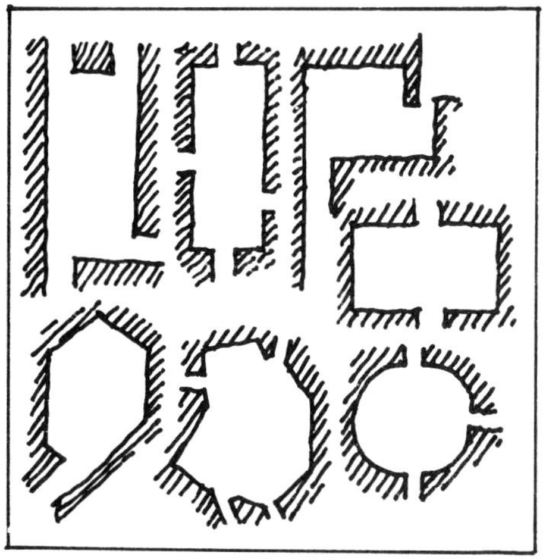

Je runder, je geschlossener (keine offenen Ecken!) und je merkmalsreicher die Raum-Begrenzung im Grundriß wie auch im Schnitt ist, um so stärker ist die Raum-Wirkung und damit das Geborgenheitsgefühl.

Neu zu schaffende Raum-Formen sollten mit der jeweiligen natürlichen oder baulichen Umgebung eine neue Ganzheit (Übersumme) bilden.

3.5 GRAD DER RAUM-DEFINITION

Die Frage ‹Warum ist es in dem einen Raum so ‹gemütlich› und in dem anderen so ‹ungemütlich›?› führt zu einer weiteren sehr wichtigen Raum-Eigenschaft, dem Grad der Raum-Begrenzung, mit dem das Verhältnis von Wand zu Öffnung, von geschlossenen zu offenen Teilen beschrieben werden kann. Je geschlossener, umgrenzter ein Raum, auch ein Außenraum (z.B. ein Hof) ist, um so höher der Grad der Raum-Definition und um so stärker der Eindruck von Geborgenheit.
Abbildung: Progression der Raum-Bildung durch verschiedene bauliche Mittel.

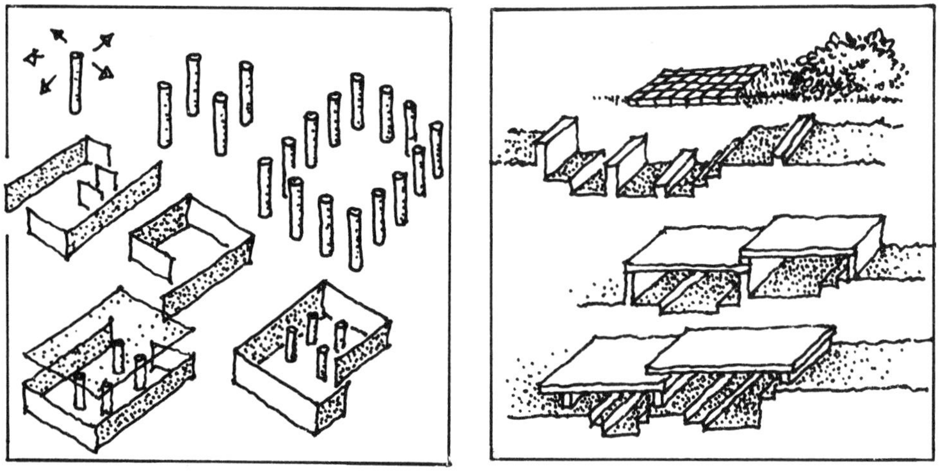

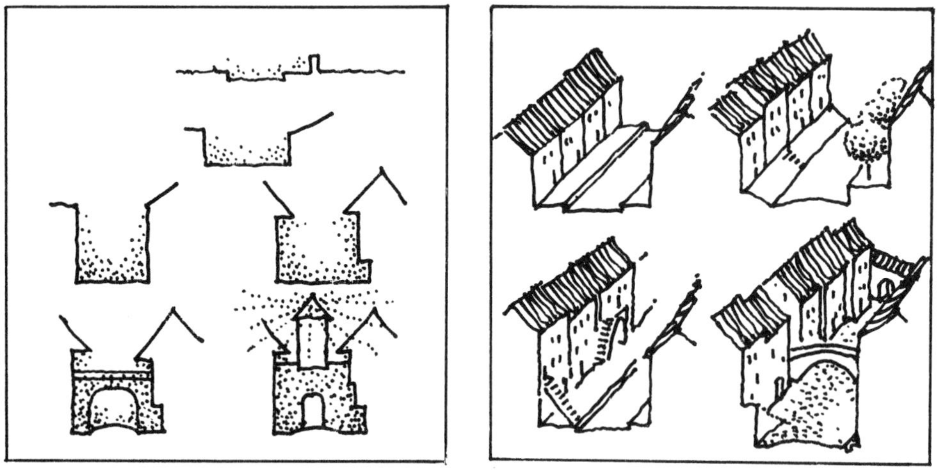

Verschiedene Straßen-Raum-Profile mit einer Progression in der Raum-Bildung.

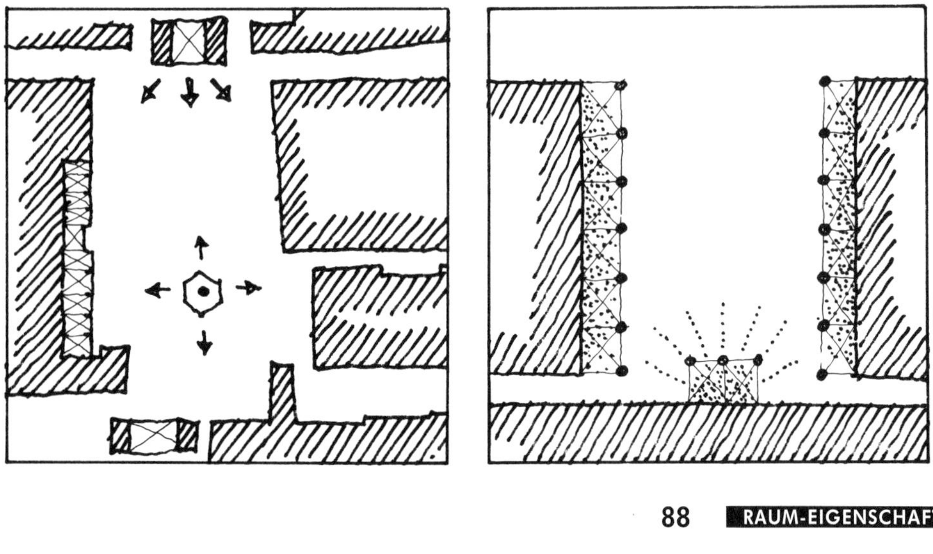

Durch Verzahnung von Innen- und Außen-Raum-Zonen sowie durch Merkmals-Reichtum an den raumbegrenzenden Flächen werden die objektive Raum-Bildung und das subjektive Raum-Erlebnis gesteigert.

Raum-Definition

Weitere sekundäre Mittel zur Verstärkung der Raum-Definition sind in städtischen Räumen aktivierende, ausstrahlende Zutaten oder Stadt-Raum-‹Möblierungs›-Elemente wie z. B. Brunnen, Denkmäler, Erker, Torbögen, Durchfahrten, Säulen usw.

Gelegentliche Straßenüberbauungen mit Durchfahrten und stadttorähnlichen Raum-Abschlüssen ermöglichen typisch städtische ‹Sowohl-Als-auch›-Raum-Bildungen, d. h. sowohl klare Begrenzung als auch Bewegungsmöglichkeit.

In einem von Baukörpern dicht umstellten Platz- oder Hof-Raum fühlt man sich geborgener als auf der freien Wiese – falls nicht die natürlichen raumbegrenzenden Elemente, wie Büsche, Hecken, Bäume, Alleen, Hangkanten, mitbenutzt wurden zur Raum-Bildung bzw. Begrenzung.

Der Boden – als wichtiges raumbildendes Element

Die wirksamste raumbildende Fläche ist fast immer der Boden.

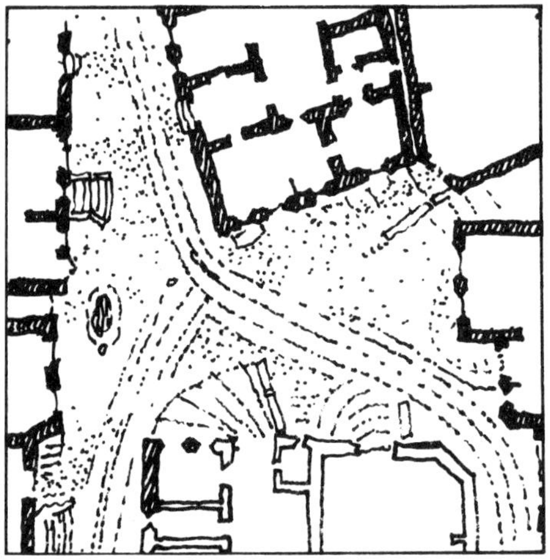

Die Raumwirkung wird ganz wesentlich von der Boden-Gestaltung (Boden-Relief und Boden-Material) mitgeprägt.

3.6 BEWEGUNGS-FÜHRUNG

– und Bewegungs-Tendenz des Raumes als objektive Raum-Eigenschaft.

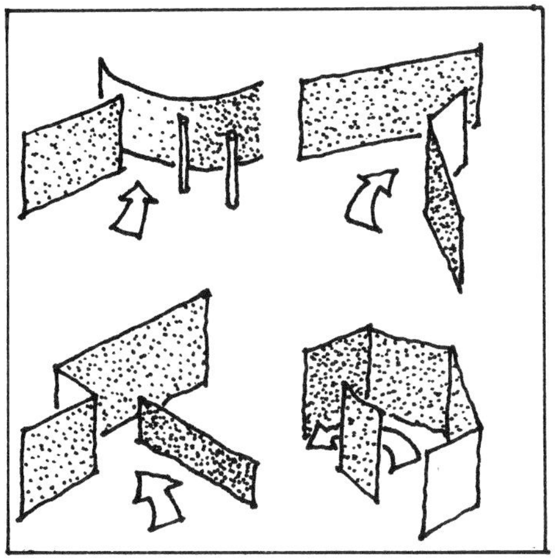

Die gebaute Einladung zur Bewegung, die sog. Bewegungs-Tendenz oder Raum-‹Dynamik› kann ebenfalls als eine objektive Eigenschaft des Raumes angesehen werden.

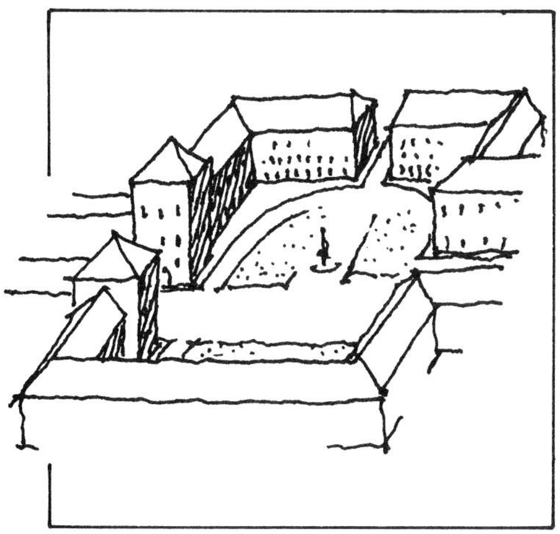

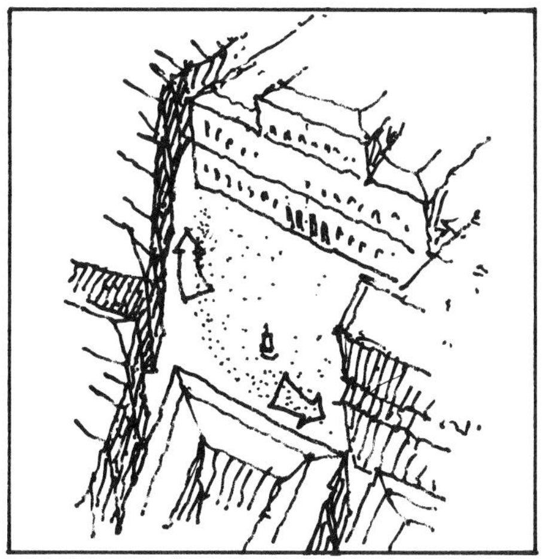

Keine Bewegungs-Führung, da Öffnungen in Raum-Mitte (links).

Starke Bewegungs-Führung bzw. ‹Dynamik› in der Raum-Wirkung durch offene Ecken (rechts).

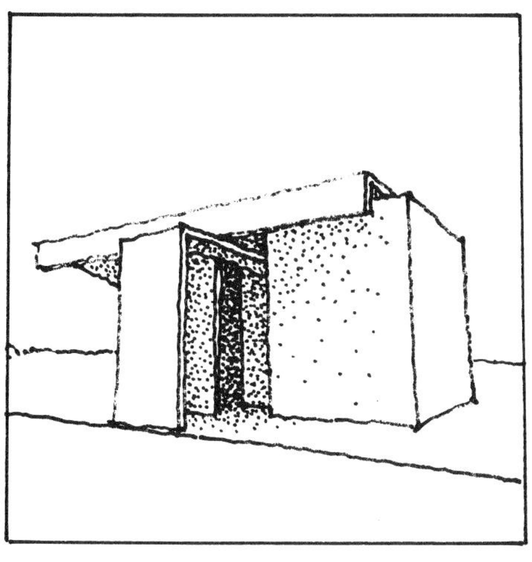

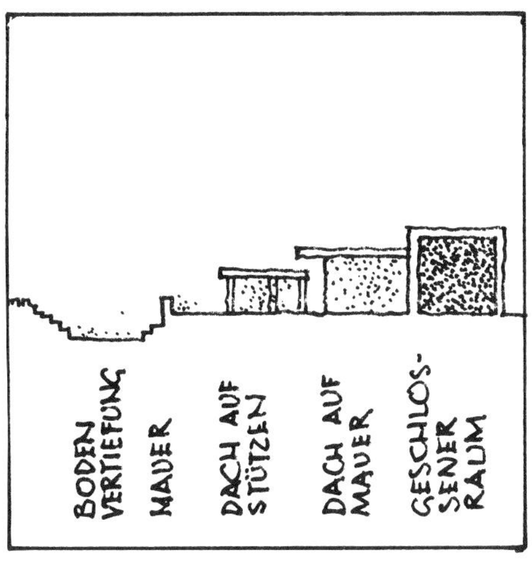

Bewegungs-Führung von außen nach innen durch kontinuierlichen Übergang. Ob der Zwischenraum innen und außen einen allmählichen kontinuierlichen Übergang bildet oder ob die Tür einen abrupten glatten Bruch zwischen innen und außen darstellt, ist eine objektiv vorhandene Eigenschaft dieses Raumes.

3.7 RAUM-ZONUNG

– oder Gliederung als objektive Raum-Eigenschaft.

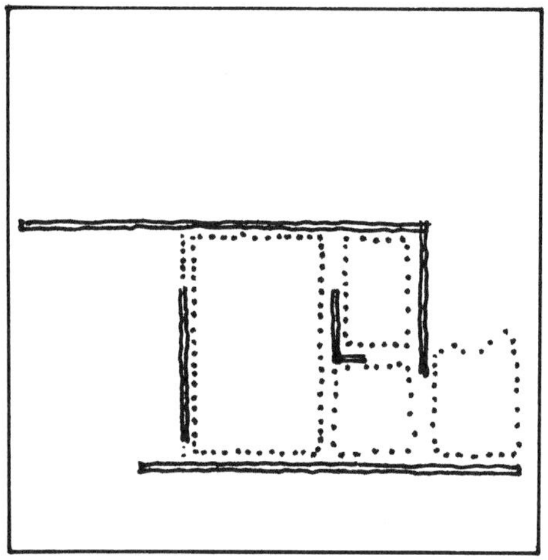

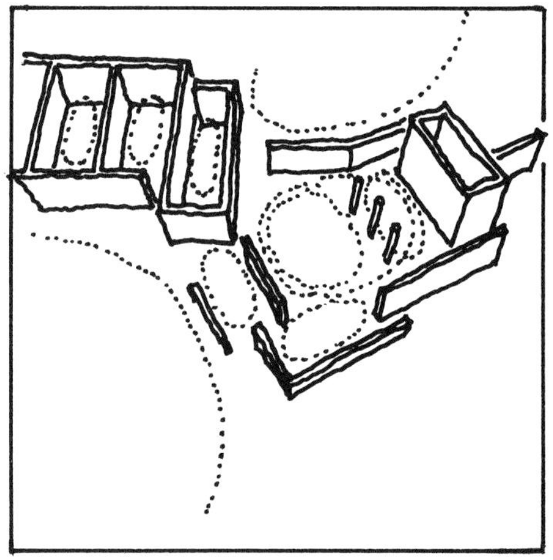

Eine weitere Raum-Eigenschaft ist die Raum-Zonung oder -Gliederung. Warum findet man einen Raum interessant und abwechslungsreich und einen anderen langweilig und gleichförmig? In dem einen wurden z. B. durch eine Galerie Raum-Zonen unterschiedlicher Helligkeit, unterschiedlicher Geborgenheit geschaffen, wogegen in dem anderen Raum sowohl die Höhe als auch die Helligkeit als auch die Geborgenheit gleichförmig ausfallen.

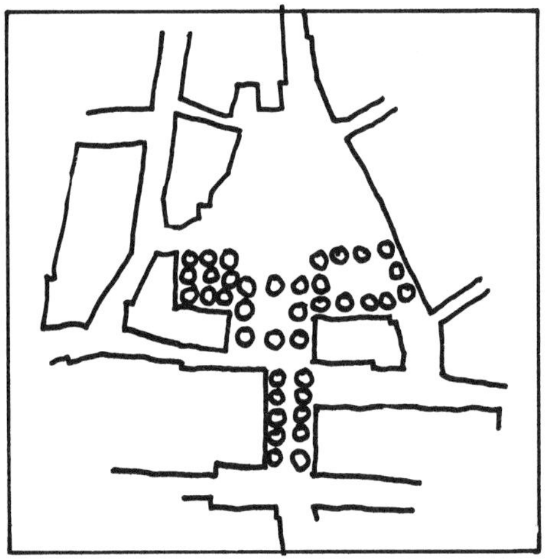

Raum-Zonung mit Hilfe von Wänden, Öffnungen, Pfeilern, Säulen, Treppen,

oder
mit Hilfe von Bäumen, Hecken, Stützmauern, Boden-Reliefs usw.

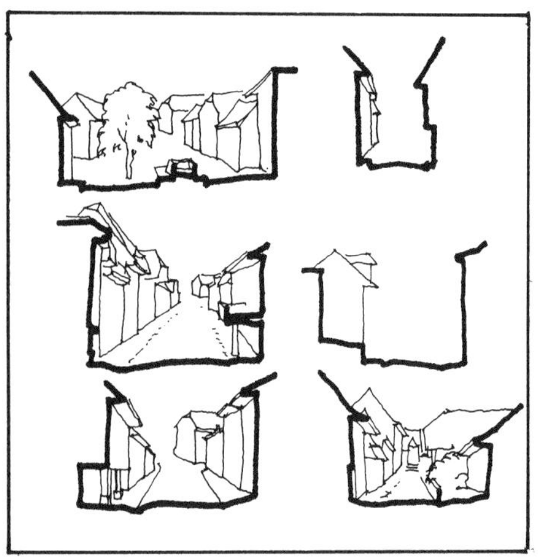

Raum-Zonung mit Hilfe von wechselnden Querschnittprofilen bis zu verketteten Raumfolgen.

3.8 ÜBUNGS-BEISPIELE ZU RAUM-ZONUNG DURCH LICHTFÜHRUNG

Innenraumanalyse in Schnitt und Grundriß.

Je nach Öffnungsanordnung werden Zonen mit hohem und geringerem Grad der Raum-Definition erzeugt.

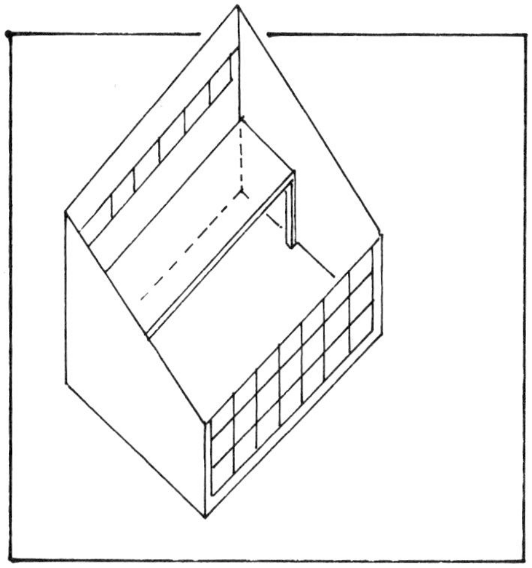

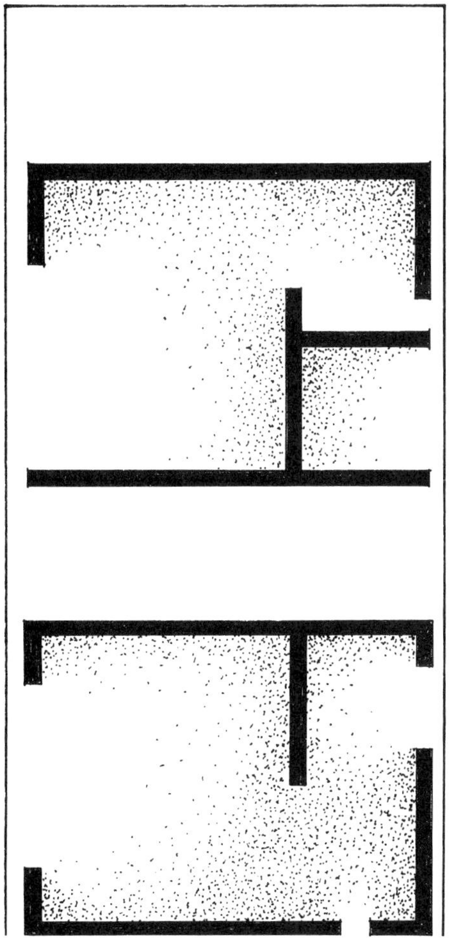

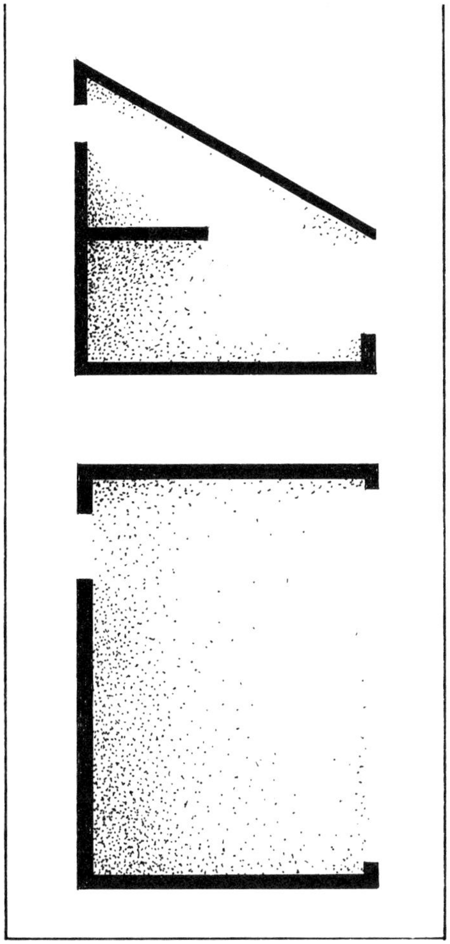

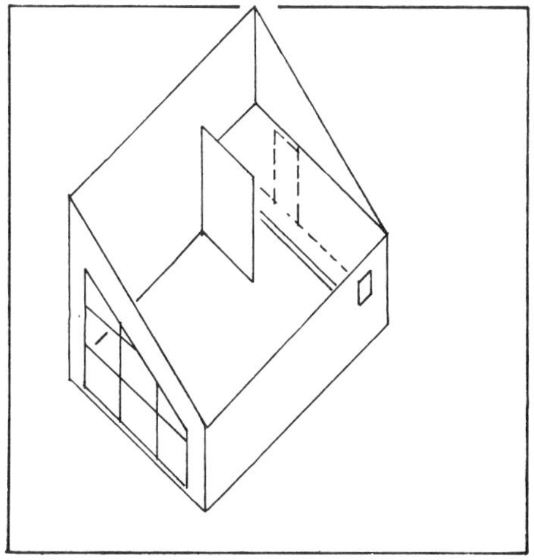

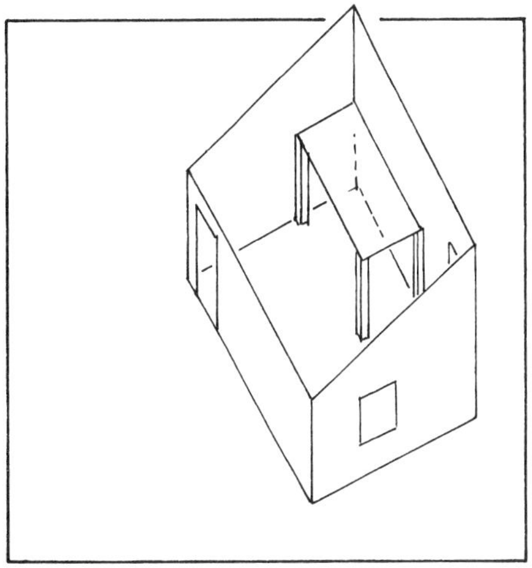

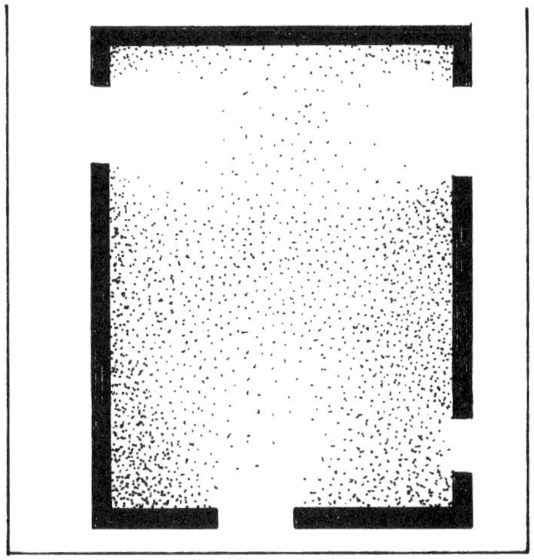

3.9 EIGENSCHAFTEN DER RAUMBILDENDEN MITTEL

Mit den drei Variablen *Größe, Form, Lage* der raumbegrenzenden Mittel wird seit Beginn der Baukunst der jeweilige architektonische Ausdruck einer Zeit bestimmt. Architektonischer Raum ist die Summe aller Beziehungen zwischen allen raumbegrenzenden und raumaktivierenden Bauelementen.
Diese raumbegrenzenden Elemente haben Eigenschaften. Man muß daher unterscheiden zwischen den oben genannten
Eigenschaften des Raumes und den
Eigenschaften der raumbegrenzenden Mittel,
z. B. Oberflächen von Wänden, Decken, Böden:
Material- oder Verarbeitungs-Textur,
Eigen- oder Kunstfarbe und damit ...
Eigen-Helligkeit oder die Ausleuchtung
sind Eigenschaften nicht des Raumes, sondern der Elemente, die ihn begrenzen.
Wenn unsere Sinne diese Eigenschaften aus schrittweise abgetasteten Einzelwahrnehmungen blitzschnell zu einer gesamthaften Raum-Wirkung, ‹Stimmung oder Atmosphäre› synthetisieren, werden z. B. die Farb-Eigenschaften der Wände und die Form-Eigenschaften des Raumes nicht mehr getrennt, sondern als Gestalt-Komplex wahrgenommen.
Daher kann z. B. ein schon sehr formenreicher Raum, auch wenn er nur dezent farbig differenziert wird, leichter als ‹zu bunt› erscheinen als ein sehr formenarmer Raum mit gleichen Farben.
Raum-Erleben ist ein Prozeß,
der nach dem jeweils beschrittenen Weg subjektiv verschieden ausfallen kann. Daraus folgt, daß die Steuerung von Raum-Wirkungen ein Beachten der Benutzer-Wege voraussetzt. Dabei bleibt die Raum-Wirkung als Summe der Raum-Eigenschaften objektiv gleich – nur das Raum-Erlebnis ändert sich je nach Weg.
Es gilt also wieder zu unterscheiden zwischen der objektiv bewirkenden Seite als Auslöser für die subjektiv erlebende Seite.
Hauptaufgabe des Architekten und des Städteplaners ist es, für Menschen Gehäuse bzw. Räume zu schaffen, deren Raum-Wirkung dem Zweck entspricht.
Man muß also eine Raum-Wirkung bewußt kontrollieren können, um die gewünschte ‹Stimmung, Atmosphäre› auch wirklich zu erreichen. Dafür müssen die konkreten baulichen Mittel mit ihrer Wirkung genau bekannt sein.
Mit welchen konkreten Gestaltungsmitteln erreicht man z. B., daß die Bewohner eines neuen Quartiers sich schnell verwurzelt, geborgen oder beheimatet und nicht nur untergebracht fühlen?

Professor B. Hoesli, ETH Zürich, pflegte in diesem Zusammenhang ein Berenson-Zitat zu erwähnen: Ein Maler, der einen Sonnenuntergang erlebt, will seine Empfindung auf den Betrachter übertragen, so daß der Betrachter des Bildes die gleiche Empfindung hat wie er selbst.
Berenson schreibt dazu:
«Da ist etwas, das er auf keinen Fall machen darf, nämlich seine eigenen Gefühle wiedergeben, denn die Gefühle sind nicht das ursprüngliche, das spezielle Wirkung auslösende Element, sondern ein Reduzieren der subjektiven Wirkung auf die entscheidenden objektiven Tatsachen, und dann das Reproduzieren dieser objektiven Tatbestände läßt den Betrachter fühlen, wie er fühlte.
Entsprechendes gilt für die Arbeit des Architekten, nämlich daß Gefühle, Erlebnisse selbst nicht übertragbar sind und daß z. B. lebenslange Architektur- und Stadt-Erlebnisse (Reisen) durchaus noch kein wiederverwendbares Wissen über Raum-Gestaltungen hinterlassen müssen, wenn diese Erlebnisse nicht jedes Mal auf die Ebene des Bewußtseins gehoben wurden.
Erst wenn aus dem subjektiven Raum-Erleben auch ein Erkennen der objektiven Ursachen wird, erst wenn aus dem Empfinden ein Wissen über die bewirkenden Raum- und Form-Eigenschaften wird, kann sich im Laufe der Zeit ein verfügbares geistiges Handwerkszeug ansammeln, das bei Bedarf beliebig abrufbar wird. Nur so wird das ‹Machen› zum bewußten Steuern, so daß die beabsichtigte Raum-Wirkung bzw. ‹Atmosphäre› auch wirklich erreicht werden kann.
Durch ihren subjektiven Bestandteil und durch die allgemeine zeitbedingte Filterung von Wahrnehmungen sind Raum-Vorstellungen nichts konstantes. Raum-Vorstellungen der Architektur-Geschichte haben sich allmählich verändert.
Am Anfang stand die Gleichsetzung von Raum und Ort – ein bestimmtes Stück Erdoberfläche, das durch besondere Markierungen aus dem Umfeld herausgelöst wurde.
Bis zur Renaissance kann man eine weitgehende Gleichsetzung von Raum und Volumen beobachten. Raum war der dichte Raum, der von all den Säulen, Wänden und den Beziehungen zwischen ihnen beansprucht wurde. Der dünne leere Umraum um das Bau-Volumen herum wurde bis zur Erfindung der Perspektive nicht gesehen.
Im Barock wirken die Architektur-Volumen nicht nur im Umraum, sondern sie bewirken auch Raum. Die reiche Fülle architektonischer Elemente strahlt aus und aktiviert so auch den sie umgebenden Raum.
In der Architektur der Aufklärungszeit kann das Streben nach vollkommener und rationaler Geometrie beobachtet

werden. Nicht der Erlebnisraum des Fußgängers, sondern der exakte mathematisch-geometrische Raum mit seinen rationalen Teilen, Winkeln, Abständen usw. bestimmte diese Art von architektonischer Raum-Bildung.
Schließlich herrschte bis zum Beginn des 20. Jahrhunderts die für viele auch heute noch gültige Raum-Vorstellung, die Raum mit Innenraum, mit Zimmer gleichsetzte.
Erst mit der Moderne, mit F. L. Wright, de Stijl, Corbusier und Mies van der Rohe, wurde diese Raum-Vorstellung abgelöst, durch ein Verwischen der klaren Innen-Außen-Grenzen mit Hilfe des neuen Raum-Konzeptes vom sog. kontinuierlichen oder alles ‹umfließenden› Raum.
Die neue Raum-Sicht der Moderne war mit einem ungeheuren Befreiungsgefühl, mit einer euphorischen Fortschrittsgläubigkeit dieser Zeit gekoppelt. Befreiung von allen in Tradition erstarrten Grenzen war das erklärte Ziel vieler Manifeste aus diesen zwanziger Jahren. Luft, Licht, Sonne und Grün sollten die neuen Stadtgestalten bestimmen.
Daß mit dieser Absage an klare Grenzen gleichzeitig einer der wichtigsten Voraussetzungen für Gestalt die Absage erteilt wurde, sollte uns erst Jahrzehnte später an den negativen Folgen überdeutlich bewußt werden.
So hatte denn diese Haupterrungenschaft des modernen Städtebaus, die neue offene Raum-Vorstellung in dem darauf basierenden Städtebau des 20. Jahrhunderts, eine größere, die Stadtgestalt auflösende, zersetzende und insgesamt eine verheerendere Wirkung für das Bild unserer Städte gehabt als die Kriege aller vorangegangenen Zeiten zusammen.
Es zeigt sich, daß trotz aller Zunahme an Wissen und aller Bewußtseinssteigerung des modernen Menschen wir – immer noch wie vor 600 000 Jahren – blind sind für den Zwischenraum.

Für unsere Vorfahren war es von lebenserhaltender Bedeutung, die Figuren von Feinden oder Nahrungsquellen blitzschnell vor einem diese Gestalten eventuell tarnenden Hintergrund entdecken zu können. Die biologisch bedingte Notwendigkeit, alle Aufmerksamkeit auf die Gestalten zu konzentrieren und den Grund unbeachtet zu lassen, erweist sich heute bei zunehmender Dichte für alle Lebensgebiete als gefährlich.
Gerade auch im Baulichen muß heute der immer kostbarere Grund, der Rest- oder Zwischen-Raum zwischen den Bau-Gestalten als mindestens ebenso wichtig gesehen, bewußt beachtet und durchgestaltet werden wie die eigentlichen Bau-Gestalten selbst.
Ist doch der Zwischen-Raum dasjenige Medium, in dem wir eigentlich Architektur bzw. Stadt-Raum erleben.
Daß das ‹Nichts› zwischen den Dingen erst das Wesen einer Sache bewirkt, versuchte uns schon Lao-Tse mit seinem Spruch vom Zwischen-Raum zu zeigen:

> «Der Speichen dreimal zehn
> auf einer Nabe stehn.
> Eben dort, wo sie nicht sind,
> ist des Wagens Brauchbarkeit.
> Man knet Ton zurecht
> zum Trinkgerät:
> eben dort, wo keiner ist,
> ist das Gerätes Brauchbarkeit.
> Man meißelt Tür und Fenster aus
> zur Wohnung.
> Eben dort, wo Nichts ist,
> ist der Wohnung Brauchbarkeit.
> Wahrlich:
> Erkennst du das Da-Sein als einen Gewinn,
> erkenne: Das Nicht-Sein macht brauchbar.»

Der Anti-Stadt-Raum der ‹Modernen›

ist nicht nur Folge gesellschaftlicher Kräfte, sondern vor allem auch Folge bestimmter Architektur-Moden.

Offene Ecken und zumindest in der Fußgängerebene nicht streng genug geschlossene Raum-Bildungen sind die Hauptursache für die treffende Beurteilung ‹hier zieht's ja nur›.

Merkmalsarmut an den übervereinfachten Raum- und Bauformen als Folge übertriebener ‹Voraus-Planung› verhindert städtischere, d. h. durch (Detail-)Besonderheiten aktivierte Raum-Bildungen.

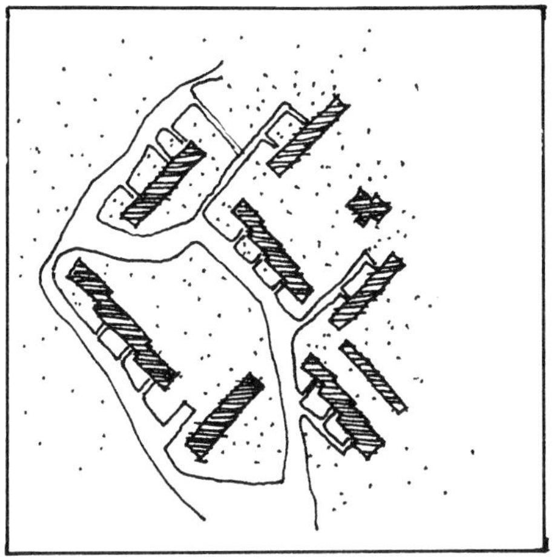

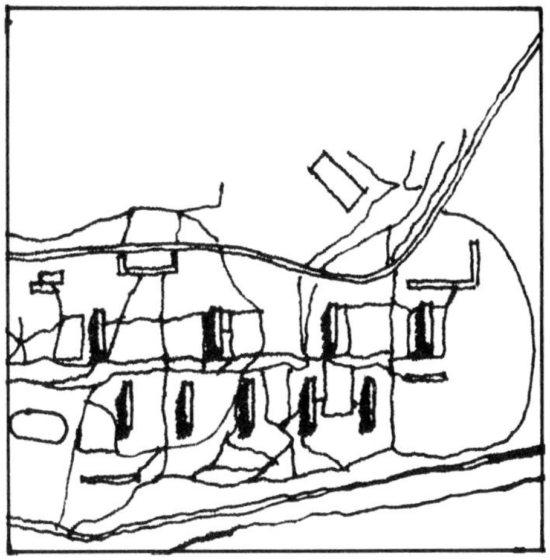

Durch das Fehlen von Komplexität, Überlagerung und Mehrfachbezügen an den heutigen Raum- und Bauformen werden keine Wahlmöglichkeiten angeboten als sichtbare Zeichen der Freiheit wie noch in wirklich städtischen Raum-Form-Organisationen.

3.10 STADT-RAUM

– anstelle von Stadt-Haus sollte die neueste Architektur-Mode heißen.

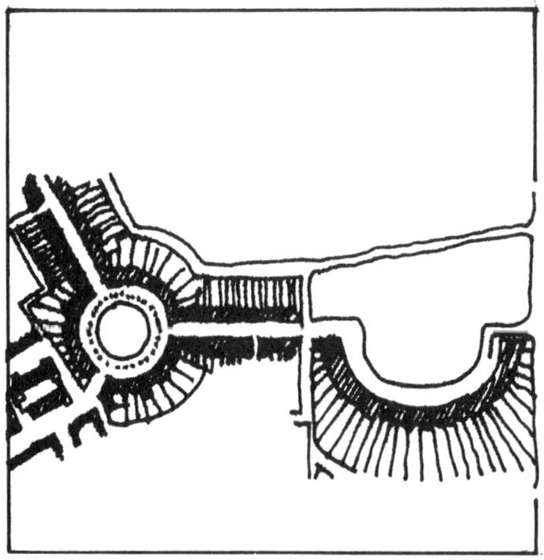

Es fehlt weniger das ‹Stadt-Haus›, also ein addierbares Haus für größere Dichte (links), als vielmehr der ‹Stadt-Raum›, der so hoch definiert ist, daß selbst mit nur 50 Häusern eine eindeutige Stadt-Wirkung erzielt wird (rechts).

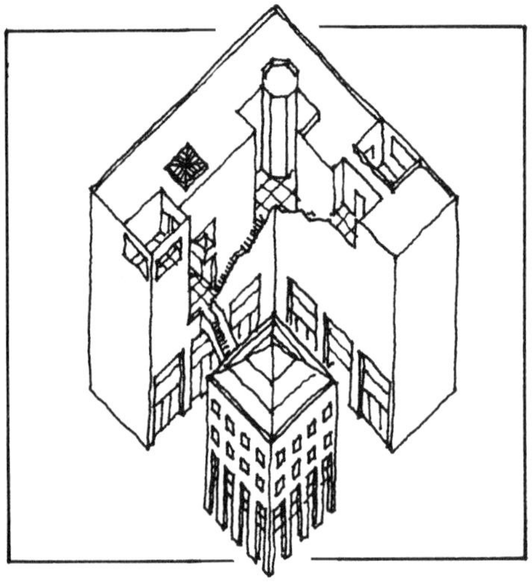

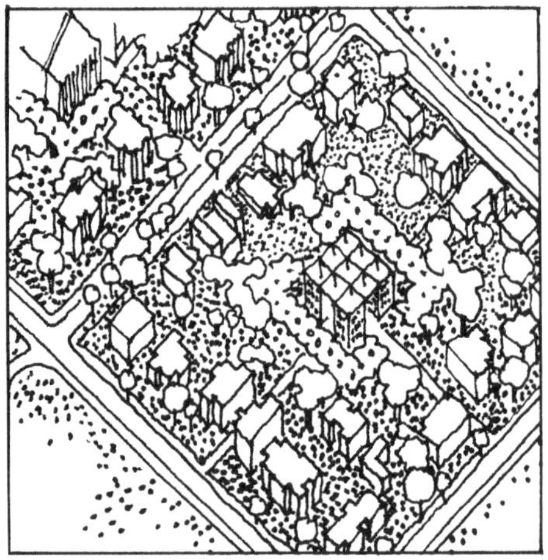

Nicht auf das Stadt-Haus (links), sondern auf die städtische Anordnung desselben kommt es an, denn es nützt nichts, wenn die als ‹Stadt-Haus› neu entwickelte Bauform dann wieder dorfähnlich gruppiert wird (rechts).

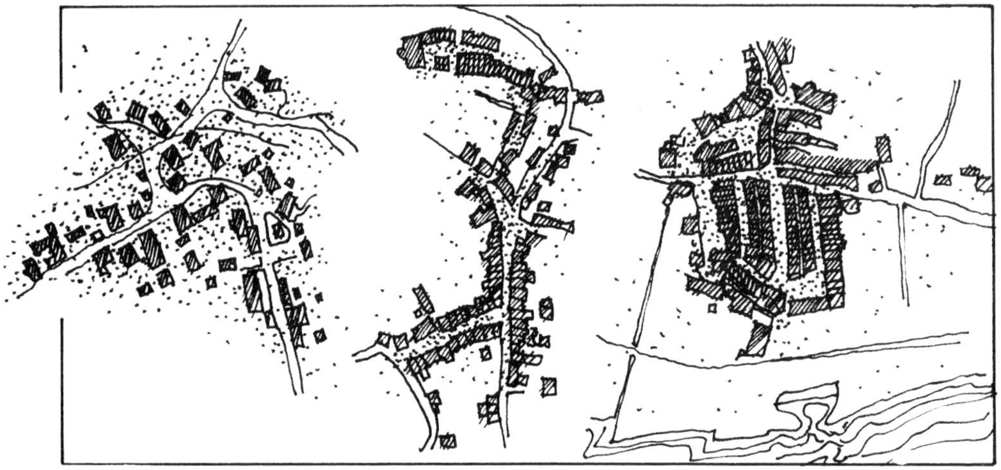

Stadt- oder Dorf-Wirkung ist vor allem eine Folge der Raum-Gestaltung. Die gezeigten Beispiele des Dorfes Vinelz (links) mit dem benachbarten Städtchen Erlach (mitte) und der nächsten Stadt La Neuville (rechts) zeigen den Unterschied zwischen Dorf- und Stadt-Wirkung als Folge offenerer oder geschlossenerer Raum-Systeme.

Stadt-Raum beginnt vor der Haustüre

Straße als gefaßter Stadtraum, als Begegnungsraum für Menschen (links).

Straße als offener Restraum für Abstandsflächen, Autos usw. (rechts).

Hier war der Straßenraum vor der Haustüre noch ein durch Überlagerungen aller Art stimulierender Ort der Begegnung (links).

Hier mündet die Haustüre übergangslos in ein feindliches, antiräumliches Niemandsland, ohne die vielen kleinen, positive Assoziationen auslösenden Details (rechts).

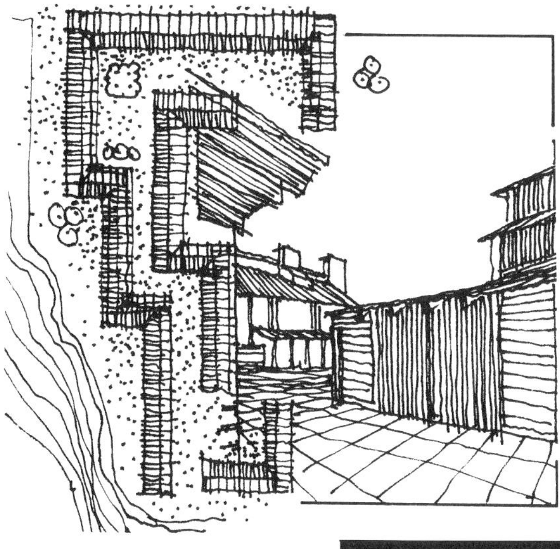

Hier hat die Raumbildung Vorrang vor der Hausgestaltung. Der Einzelhausbewohner kann sich durch stets begrenzte Ausblicke unbewußt gleichzeitig als Bewohner eines ‹Überhauses› erleben wie in einer alten Stadt (links).

Wird jedoch wie üblich zuerst das Einzelhaus optimiert und dann erst zu Zeilen, ‹Höfen› usw. gruppiert, häufen sich die Kompromisse am anderen Ende, d. h. auf Kosten des Zwischenraumes (rechts) und ohne der Stadtgestalt.

Form und Größe

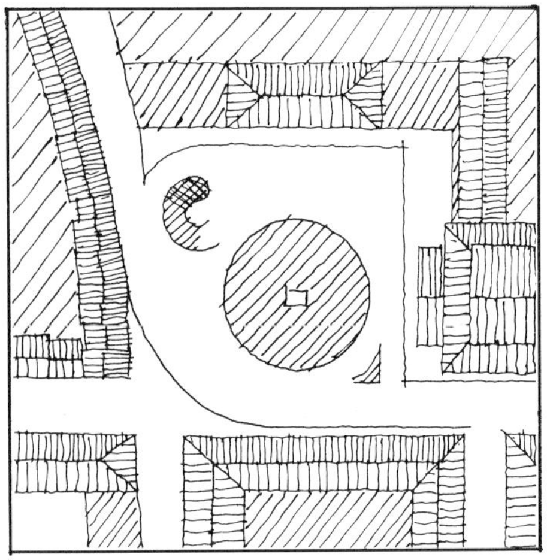

Raum-Definition

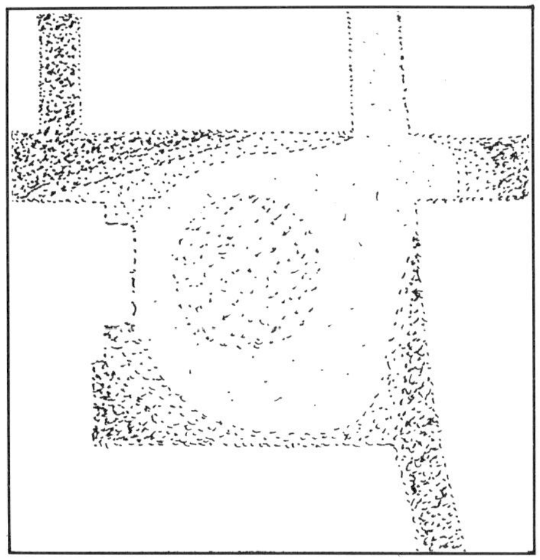

Raum-Zonung

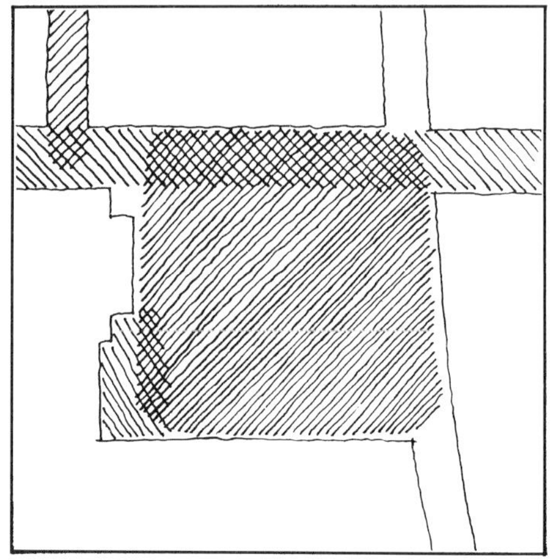

Max-Joseph-Platz, München

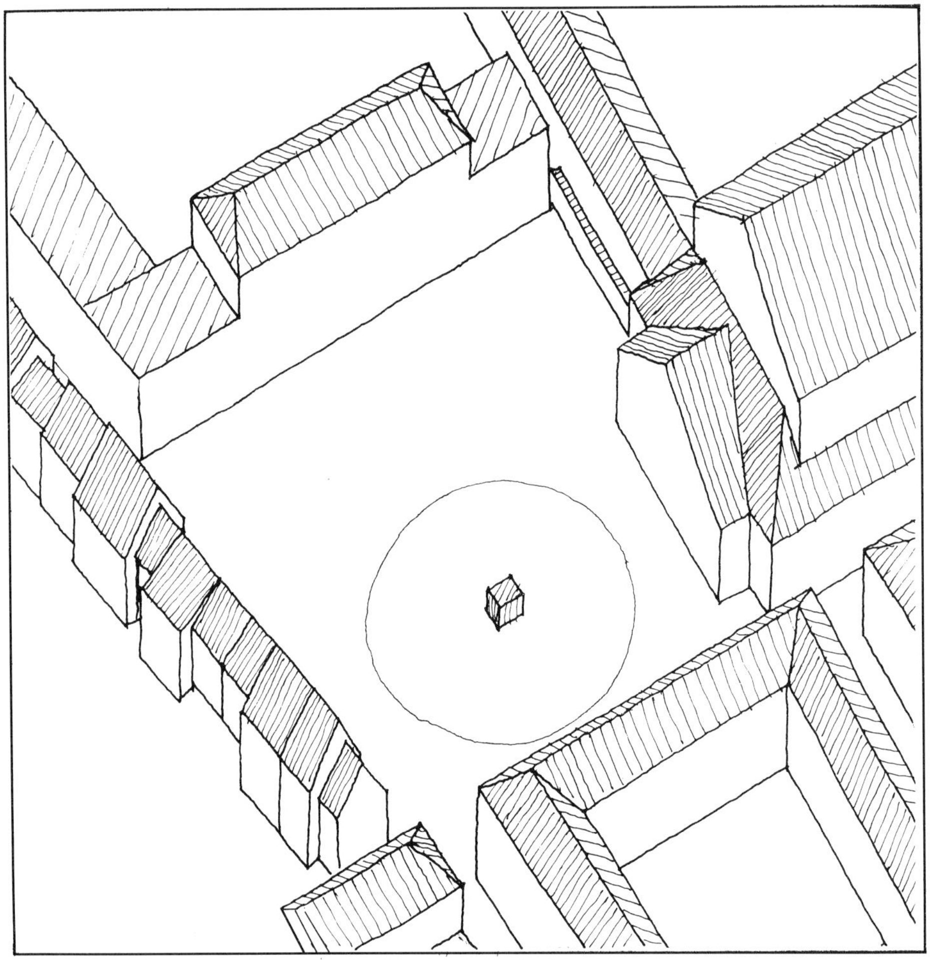

Bewegungstendenz

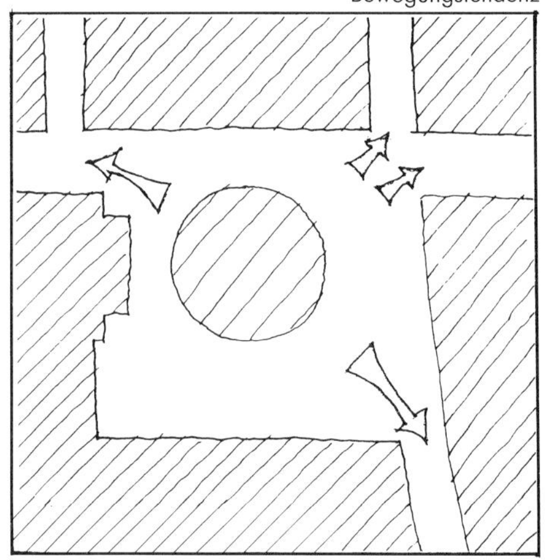

Raumkörper

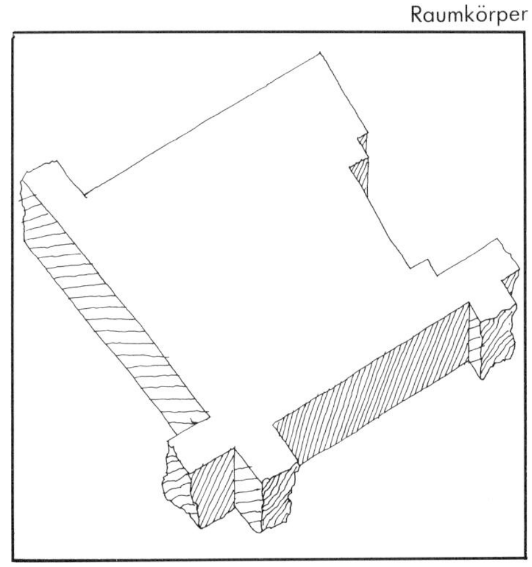

Raum-Definition

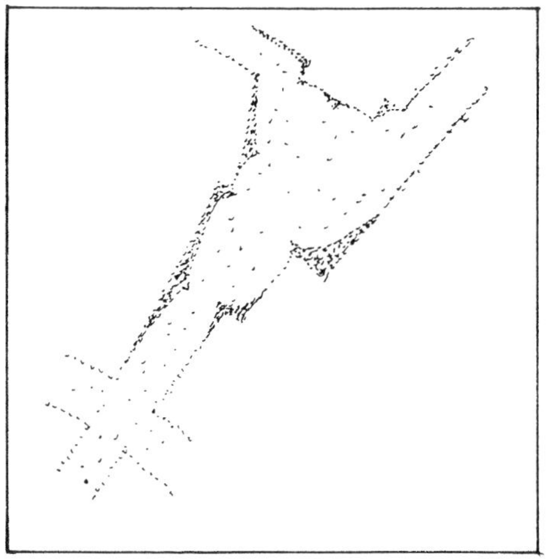

Raum-Zonung

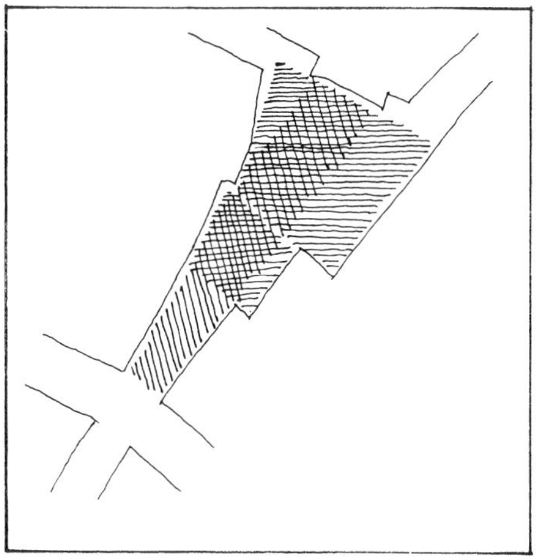

Bewegungstendenz

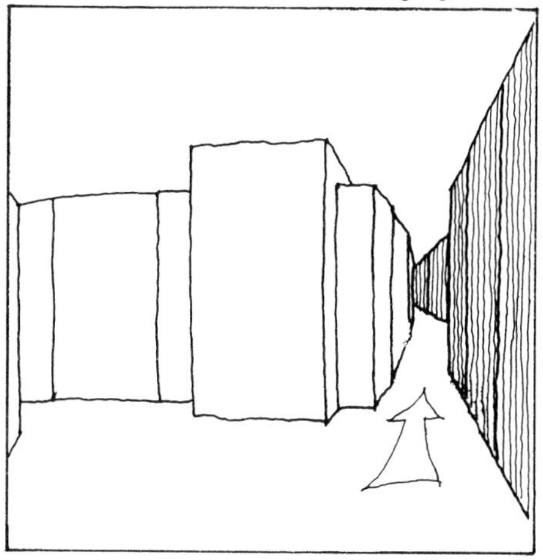

Platzl, München

Negativ-Raum

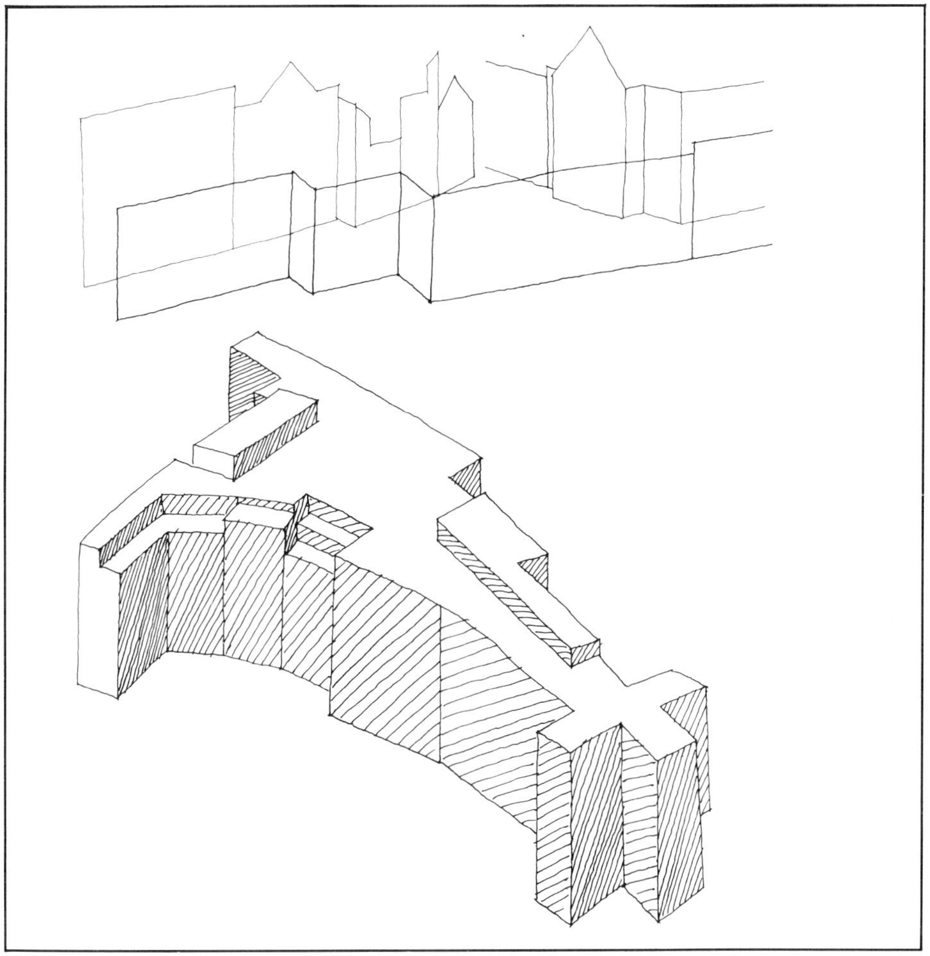

Stadtraumanalysen: Studenten-Übungen

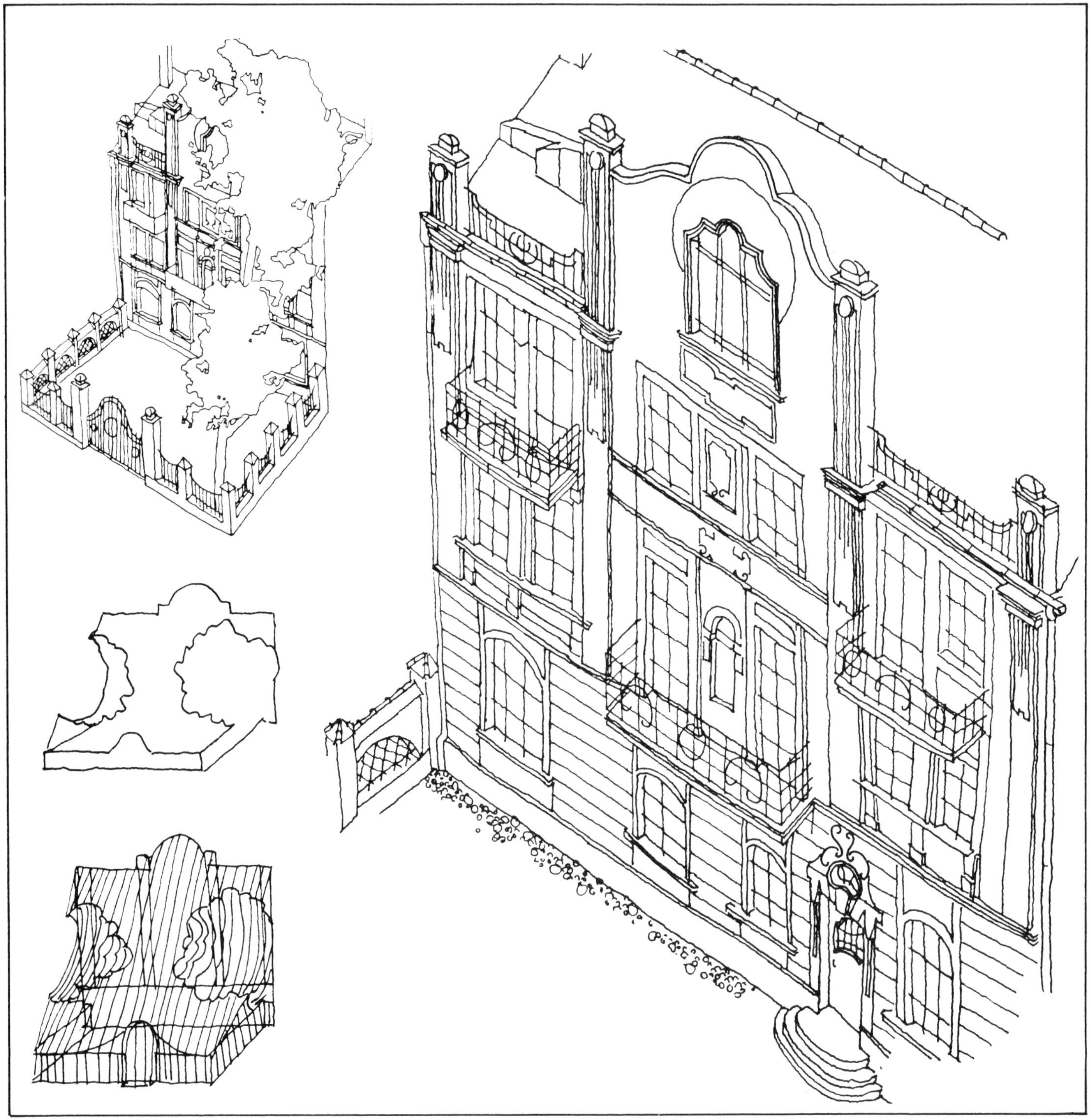

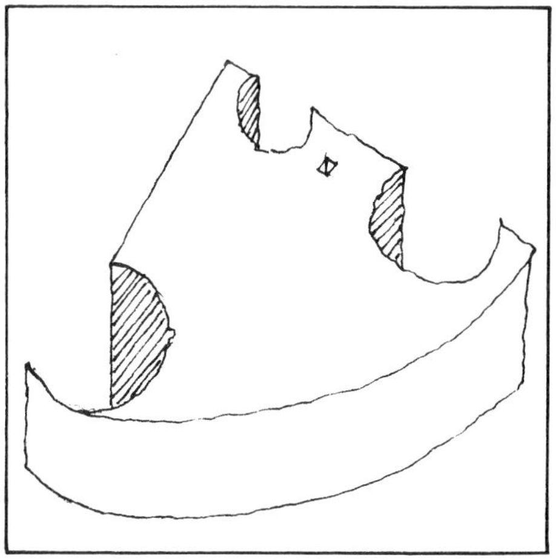

Vaticano/Belvedere
Proportionsschemen

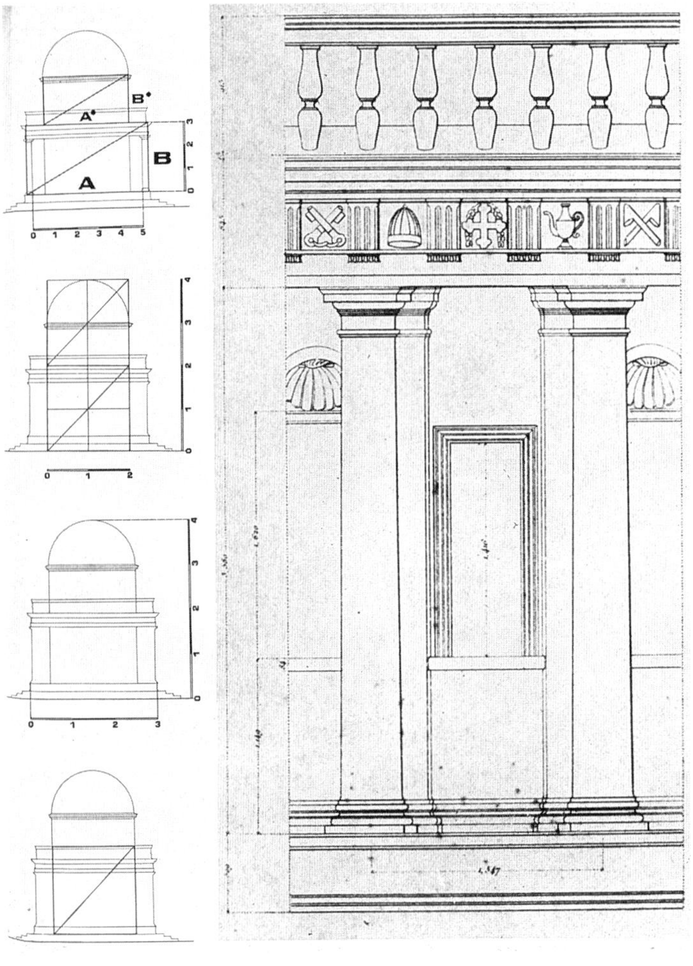

2 mögliche Proportionsschemen
für S. Pietro in Montorio

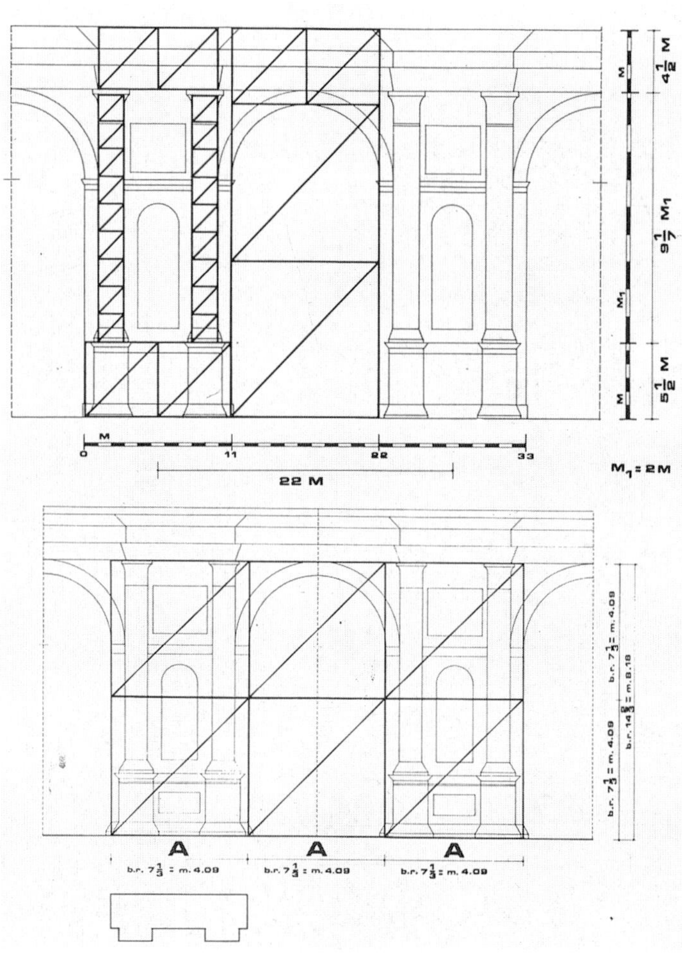

4 Grundlegende Ordnungshilfen beim Gestalten

ORDNUNGS-HILFEN UND MASSREGLER

Teil 4 handelt von den Ordnungs-Hilfen, mit denen frühere Architekten-Generationen ganz bewußt die Schönheit in den Griff zu bekommen versuchten – und zwar möglichst unabhängig vom individuellen und zeitbedingten Geschmack.
All dieses grundlegende Gestaltungs-Wissen, mit dem frühere Baumeister das schwierige Gleichgewicht zwischen Ordnung und Chaos, zwischen Bindung und Freiheit zu beherrschen versucht haben, gehörte einmal zum selbstverständlichen Handwerkszeug des Architektenberufes.
Ja, durch dieses Wissen unterschied sich der Architekt vom Bauhandwerker bzw. Baumeister früherer Zeiten.
Der Architekt war einmal der Spezialist für das Erzielen von Schönheit als einer angenehmen, beruhigenden und doch spannungsvollen, die Sinne reizende Erscheinung des Ganzen und seiner Teile.
Erst mit dem neuen Leitbild ‹Ingenieur›, der um die Jahrhundertwende die Welt veränderte, sowie weiteren Leitbildern, wie z. B. der Urbanist und Städteplaner in den 50er Jahren, der Soziologe und Psychologe in den 60er Jahren und der Methodiker bzw. Erkenntnistheoretiker in den 70er Jahren, hat der Berufsstand der Architekten sich immer wieder fremden neuen Spezialgebieten geöffnet, begierig deren Spezialvokabular aufgesogen und dabei mehr und mehr die eigene berufliche Mitte und Fachsprache vernachlässigt. Unterstützt wurde dieser Leitbilder-Wechsel durch entsprechende Ideologien oder Dogmen, wie z. B. das aus der Biologie auf das Bauen übertragene Credo von der Form, die sich aus Funktion ergeben müsse, ohne Gestaltungsabsichten oder Regeln.
Es bleibt richtig, daß die Funktion – oder besser die Nutzung – zusammen mit der Konstruktion immer noch die besten Gestaltungs-Hilfen liefert, vor allem für sog. ‹Begehbare Maschinen›, also Bauten der Industrie und der Ver- und Entsorgung. Aber bei Bauten für Menschen entdeckt man doch schnell, daß diese sichersten Gestaltungs-Helfer zur Vermeidung willkürlicher, prätentiöser Schnörkel nicht immer ausreichen. Der Mensch hat nun einmal ein Gedächtnis und einen Überblick über alte oder andere Formen, d. h. er hat Bewußtsein und damit die Freiheit der Wahl zu derjenigen baulichen Hülle, die seinen Erwartungen am besten entspricht.
Bei Bauten für Menschen reichen Nutzung und Konstruktion oft nicht aus, um alle Wahlfreiheiten zu überwinden und die Erwartungen zu treffen – und hier setzen die bewußten Gestaltungs-Hilfen ein, z. B. beim Anordnen von Öffnungen in einer Fassade oder beim Dimensionieren von Bau- und Platz-Größen, -Formen und -Gliederungen. Bei dieser wichtigen Arbeit des Proportionierens und Plazierens von Öffnungen und Wandflächen, Raum-Formen und -Folgen können bewußte Gestaltungs- und Ordnungs-Hilfen zuviel Wahlfreiheit, Willkürlichkeit und prätentiöse ‹Gestaltungs-Unglücke› vermeiden helfen.
Ordnungs-Hilfen: Achsen, Raster, Symmetrien.
Zum geordneten, aber nicht starren, sondern spannungsvollen Anordnen von Bauten, Räumen oder Bauteilen (wie Öffnungen, Stützen, Fugen usw.).
Maßregler: Proportionen, Normen, Vorzugsmaße.
Zur Erzielung angenehmer Maßverhältnisse von Teilen oder zwischen Teilen und Ganzheit.

4.1 ACHSEN

Achsen zum eindimensionalen Aufreihen von Elementen spielen beim Entwerfen als

- Organisations-Achsen
- Konstruktions-Achsen
- Kompositions-Achsen
- Symmetrie-Achsen

eine wichtige Rolle als ordnende Hilfsmittel.
Achsen sollten in ihrer Anordnung möglichst wenig Beliebigkeit zeigen, sondern dazu dienen, Bezüge herzustellen, Zusammenhänge zwischen verstreuten Elementen zu schaffen oder zu verstärken und damit die Arbeit des Verbindens, Synthetisierens oder Gestalt-Bildens wirkungsvoll fördern.
Mehrere sich schiefwinklig schneidende Achsen finden sich oft in geschichtlichen, gewachsenen Beispielen (Forum Romanum, Adrians Villa), wodurch zwischen den meisten streng symmetrischen Bauten eine Beziehung hergestellt wird.
So wird durch die strenge Durchformung der Teile einerseits und die lockere Anordnung derselben auf sich schiefwinklig kreuzenden Achsen andererseits, insgesamt ein

spannungsvolles Gleichgewicht zwischen Bindung und Freiheit erzeugt.
Allgemein gilt:

> Je strenger (z. B. symmetrischer) die Teile sind,
> um so lockerer müßten die Zuordnungs-Achsen liegen,
> um in der ganzen Gestaltung weder die Ordnung noch das Chaos zu dominant bzw. zu penetrant werden zu lassen!

Durch dieses Gestaltungs-Mittel, d. h. lockeres, additives Fügen streng symmetrisch durchgeformter Teile, wird ein Höchstmaß an Brauchbarkeit oder Funktionalität erreicht, und zwar durch die Auswechselbarkeit und Veränderbarkeit der Teile. Ein einziges Element kann z. B. völlig ausfallen, verändert oder umgebaut werden, ohne die ganze Organisation zu stören (s. S. 158, 159).

4.2 SYMMETRIEN

Man kann Achsen in gleichen Intervallen anordnen = Takt, wodurch Gleichförmigkeit, Langeweile, Monotonie erzeugt wird, oder in spannungsvollen, abwechslungsreichen Anordnungen = Rhythmus, wodurch Abwechslung, Stimulation, Spannung erzeugt wird.
Aber auch Symmetrie kann relativ rasch ermüdend und langweilig wirken.
Ein bewährtes Hilfsmittel dagegen ist das freie *Komponieren mit Teil-Symmetrien.*
Dabei wird eine Fassade z. B. nicht mit einer einzigen Symmetrie-Achse gestaltet, sondern in Gruppen und Elementen, z. B. Fensterachsen, Erker, Balkone, Türen, Gauben usw., zerlegt.
Diese Gruppen werden zu in sich symmetrischen Element-Gruppen geordnet und dann unsymmetrisch zur Ganzheit einer Fassade zusammengefügt. Hierdurch entsteht Ordnung (durch Teil-Symmetrien) in der Freiheit (der ganzen Komposition) und damit meist eine spannungsvollere Gesamt-Gestaltung, als eine streng symmetrisch gefügte Ganzheit (s. S. 109, 110).
Eine im Baulichen sehr verbreitete Symmetrie ist der 3er-, 5er- oder 7er-Rhythmus im Kontrast zum 4er-, 6er- oder 8er-Takt.
Der 3er- oder 5er-Rhythmus sammelt, vereint, konzentriert auf die Mitte und wirkt dadurch wesentlich stärker gestaltbildend als die immer in 2 oder mehr Teile zu zerfallen drohenden 4er-, 6er-, 8er-Anordnungen, bei denen höchstens die Fuge zwischen zwei gleichwertigen Element-Reihen zur Symmetrieachse werden kann.
Vor allem der 3er-Rhythmus hat in der Baukörper-Gruppierung eine überragende Bedeutung. Keine Anordnung wirkt so zusammenziehend und dadurch gestaltbildend wie die in unzähligen Variationen aus allen Epochen der Baugeschichte erprobten Gruppierungen von drei rhythmisch gruppierten, gleich großen oder in der Größe gestaffelten Elementen.

4.3 RASTER

Sich rechtwinklig kreuzende Achsen sind eine Form des Rasters und dienen dem dichteren Durchorganisieren von Grund- und Aufriß-Ebenen.
In den frühesten Anfängen des Bauens gab es noch keinen rechten Winkel. Erst viel später waren zwangsweise regelmäßige (rechtwinklige) Raster die Folge von Veränderungen der sozialen Kräfte mit der Tendenz zu immer größerer Verdichtung als Folge zunehmender Spezialisierung der Arbeit.
Beim zwei- und dreidimensionalen Addieren von Räumen wurden sehr früh schon Organisationsraster verwendet, um damit Wände und Säulenreihen leichter und exakter addieren zu können, anstatt jede Säulen- und Öffnungsanordnung einzeln zu bestimmen. Die häufige Gleichsetzung von Raster mit Monotonie ist falsch.
Raster-Architektur als Ausdruck für langweilige Architektur ist nicht richtig, sowenig, wie das Messer als brauchbares Werkzeug etwas dafür kann, wenn es z. B. zum Töten verwendet wird, sowenig kann das Raster als brauchbares Ordnungsmittel etwas dafür, wenn es primitiv und einfallslos verwendet wird.
Nur der dumme, zu wörtliche Umgang mit diesem brauchbaren Hilfsmittel kann zur vielbeklagten Monotonie, Langeweile und unmenschlichen Gleichförmigkeit führen.
Wenn das Raster als Grundlage, Entwurfsraster, zum Erdenken (Denk-Gerüst) von Bauten, wörtlich übersetzt als Grundlage des Bauens (Handlungs-Gerüst, Konstruktions-Raster), verwendet wird, kann dieser Kurzschluß nicht dem Raster zur Last gelegt werden.
Auch gibt es natürlich große Unterschiede zwischen extrem gleichförmigen und extrem spannungsvollen Rastern:

Raster-Überlagerungen
sind z. B. ein methodisches Hilfsmittel, um die Ordnungsgrundlage zu differenzieren, um künstlich mehr Vielfalt, Stimulanz und Merkmalsreichtum zu erzielen. Man könnte sagen: ein Hilfsmittel, um künstlich die Komplexität von sonst nur geschichtlich gewachsenen Baugestaltungen zu erreichen. Raster-Überlagerungen sind eine methodische Hilfe, um die Vielschichtigkeit und Gestaltungs-Vielfalt der Geschichte aus der Retorte herzustellen (s. S. 120, 121).
Hierdurch werden sog. ‹Transparenz-Wirkungen› – also Mehrfachbezüge für den Betrachter bzw. Benutzer erzeugt

– als sichtbares Zeichen für mehr Wahlfreiheit innerhalb der gebauten Ordnung. Hiermit finden die zwei Grundbedürfnisse des Menschen, das nach Sicherheit und das nach Freiheit, ihre sichtbare Befriedigung. Dadurch wird Wohlbefinden erzeugt, denn sich wohl fühlen heißt sich im Einklang befinden mit den Erwartungen.
Das sich im Einklang befinden mit den Schöpfungen der Natur kann durch differenzierte Grund-Raster gefördert werden. Vor allem in der islamischen Baukunst findet man erheblich differenziertere Grundraster bzw. Raster-Überlagerungen als bewußten Versuch, die Schöpfungen des Menschen, denen der Natur anzunähern, die Werke der Menschen nicht so deutlich als primitive Übervereinfachungen im Vergleich zu den Natur-Gestalten erscheinen zu lassen.

Ca' d'Oro, Venedig (links) und Raster-Überlagerungen als ein Grundelement islamischer Architektur (rechts).

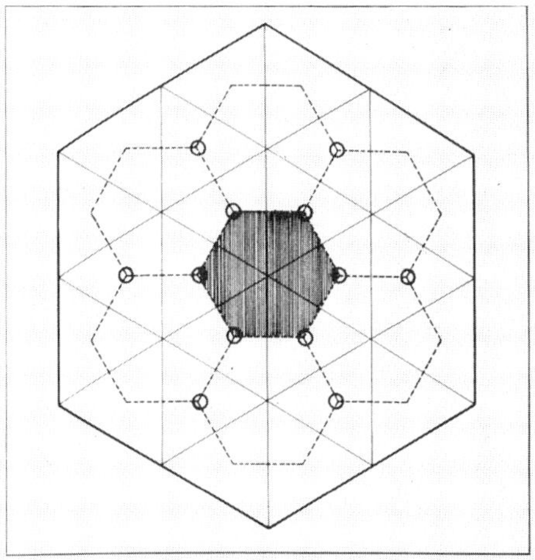

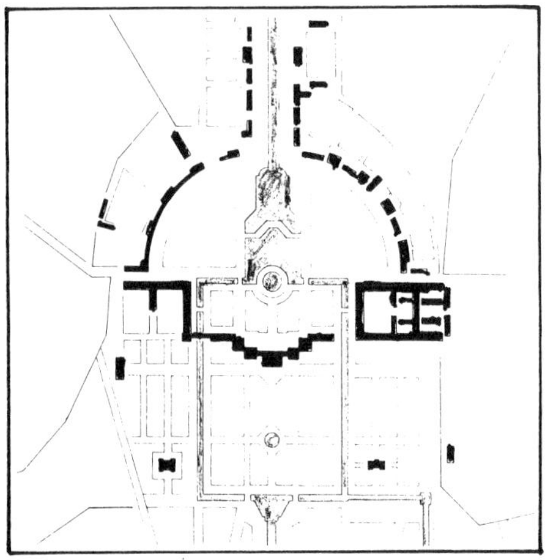

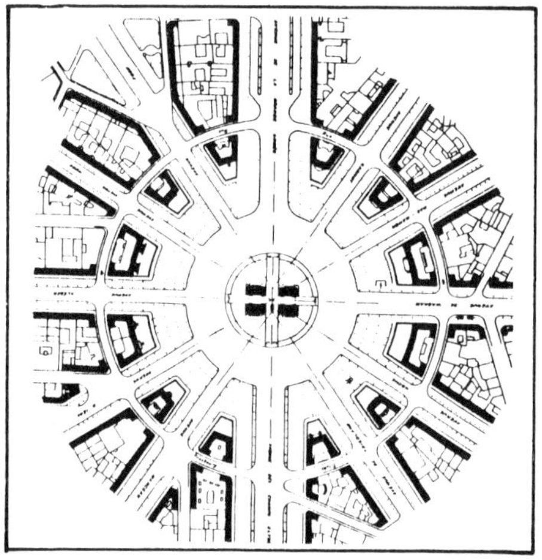

Achsen

Achs-, Punkt- und Teilsymmetrien

Ägypten, Totentempel (unten links)
Paris, Etoile (oben rechts)
Rom, Flavierpalast (Mitte links)
München, Nymphenburg
(oben links)

Symmetrie
im Grund- und Aufriß an der Villa Rotonda, Vincenza, 16. Jahrhundert, von A. Palladio.
Hier wird ein maximaler Ordnungsanspruch und zu wenig ‹Spielraum für Leben›, für Veränderung bzw. Freiheit sichtbar.

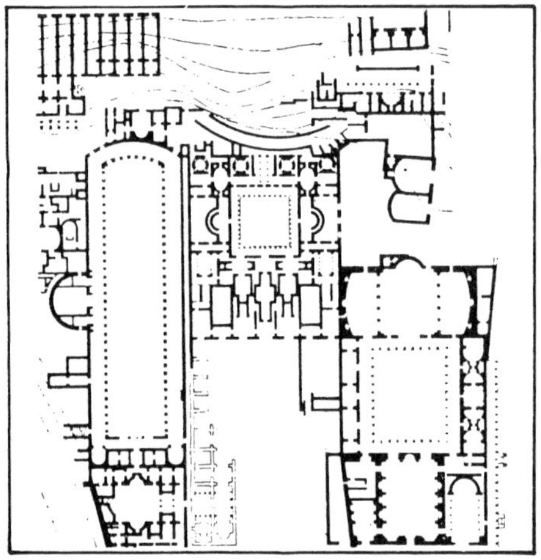

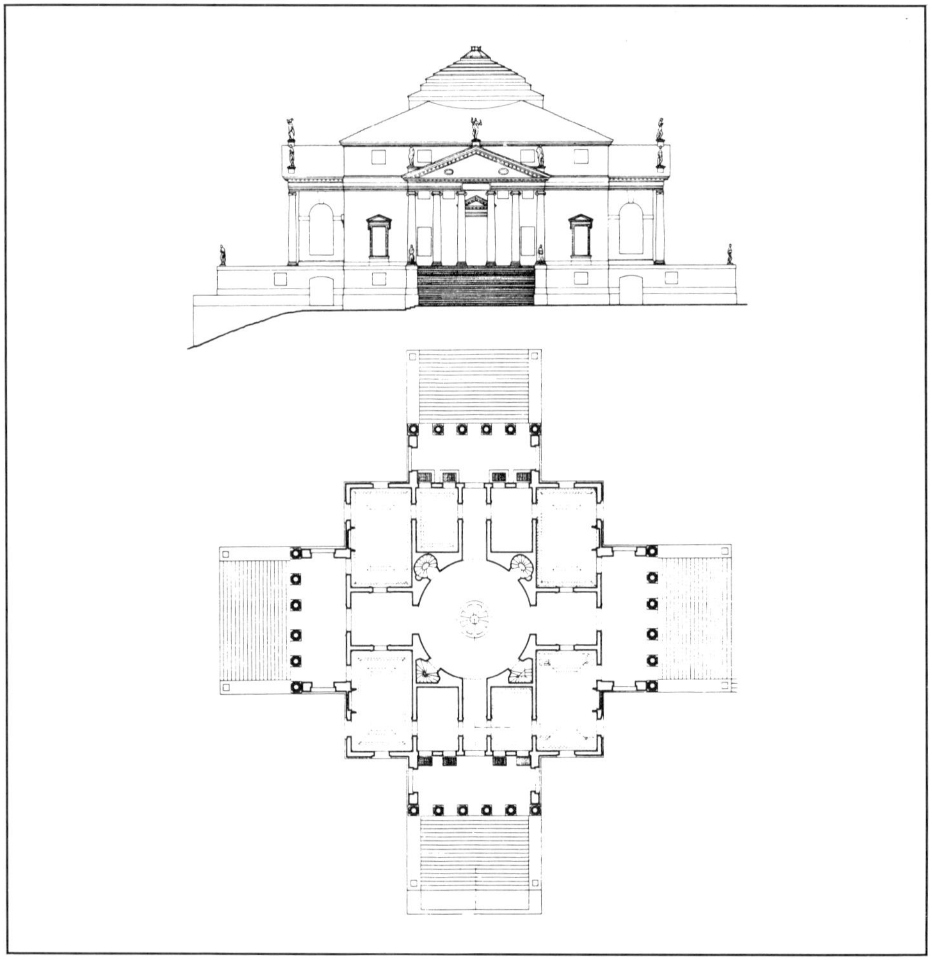

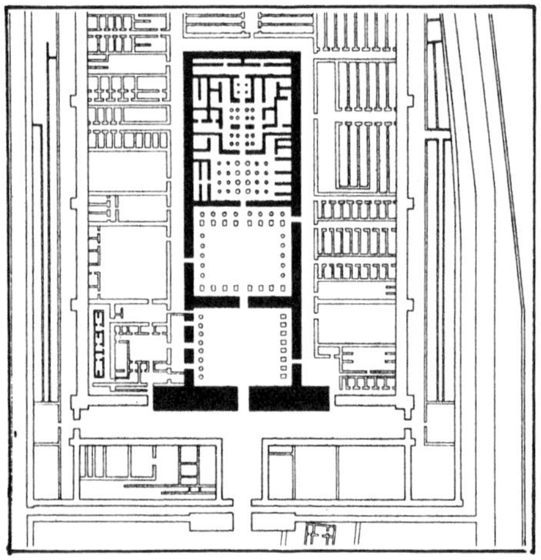

Das freie Komponieren mit Teil-Symmetrien

an einem Entwurf von Tessenow 1902 und an einigen der folgenden studentischen Fassaden-Analysen.

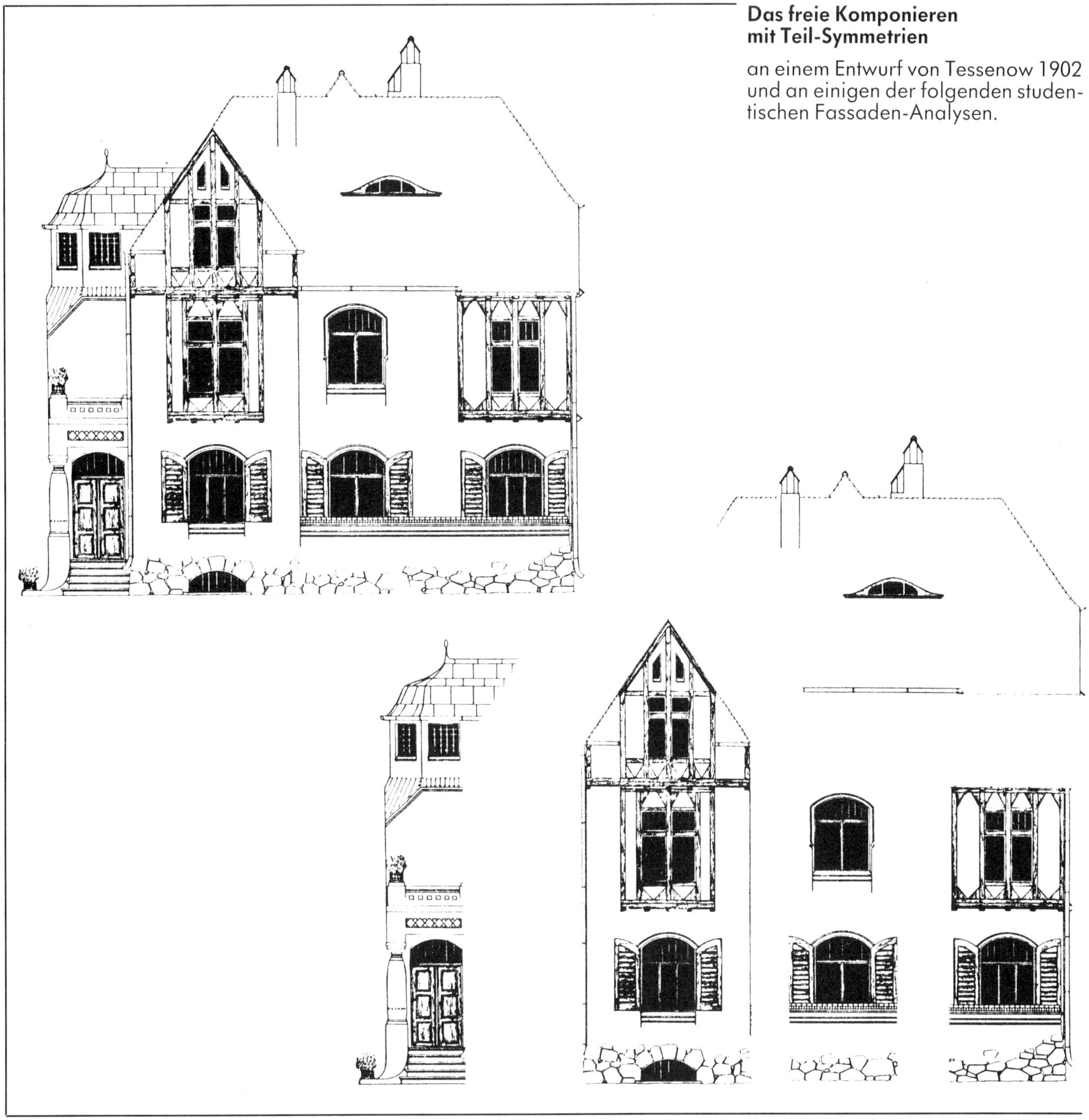

Durch freies Komponieren mit symmetrischen Teil-Elementen ...

...wird Ordnung in der Lockerheit bzw. Bindung in der Freiheit assoziiert und somit diesen beiden Grundbedürfnissen des Menschen eine sichtbare gebaute Entsprechung verschafft.

Fassadenanalyse

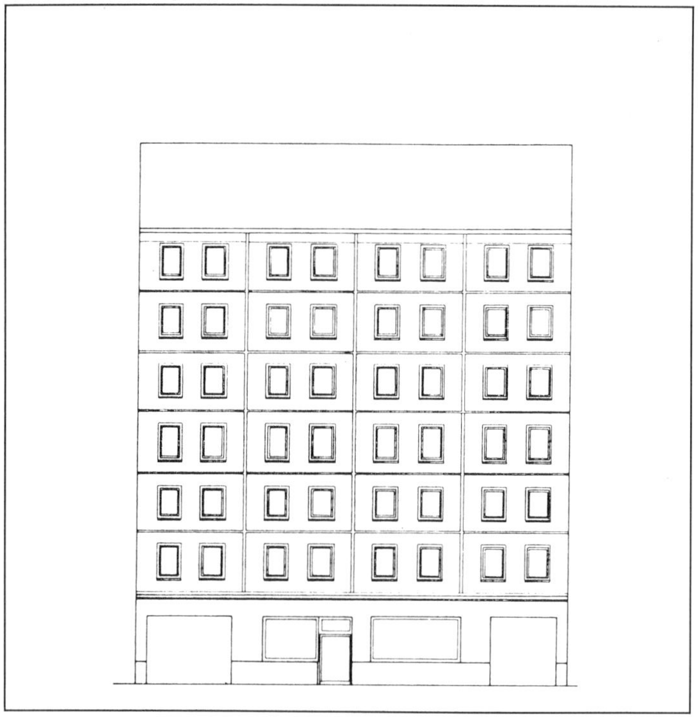

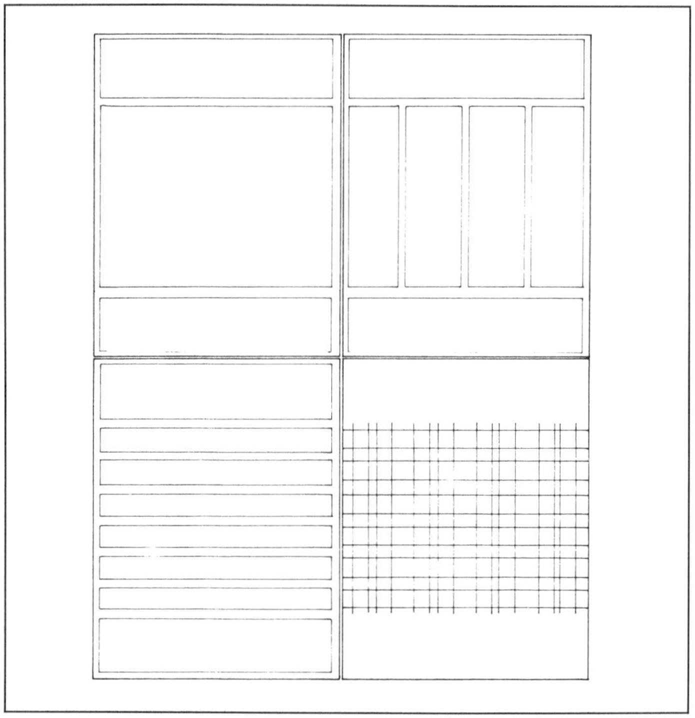

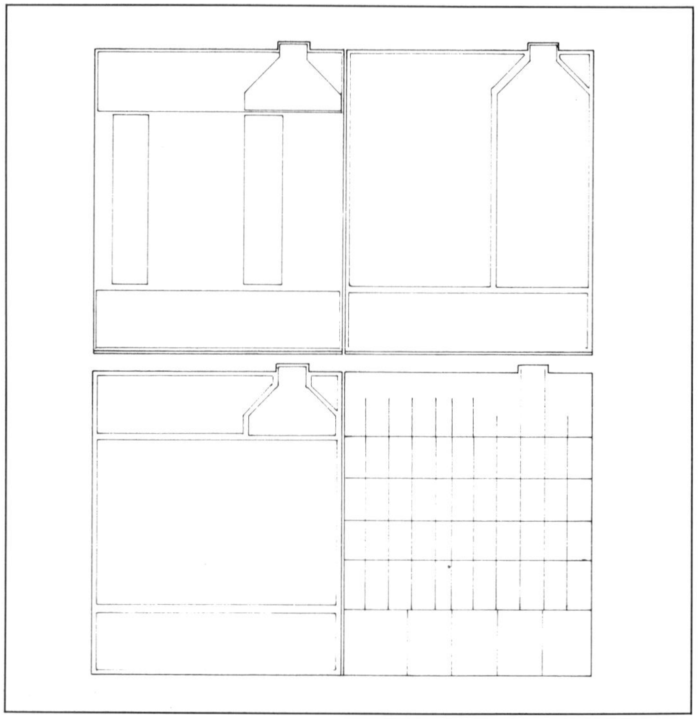

Rhythmus

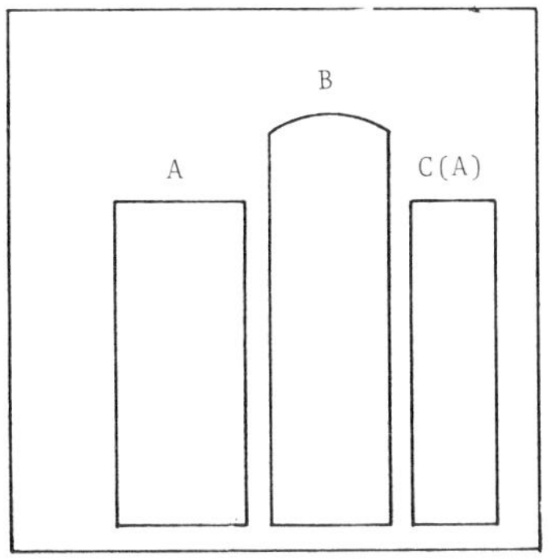

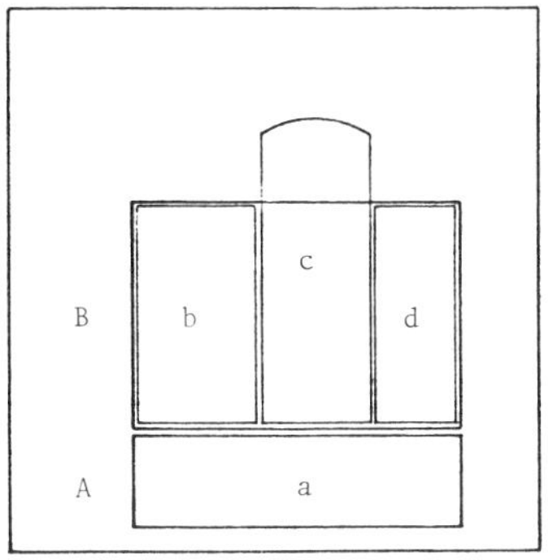

Takt

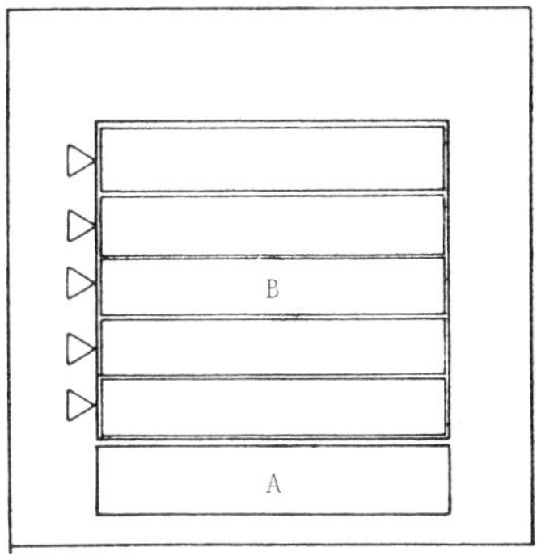

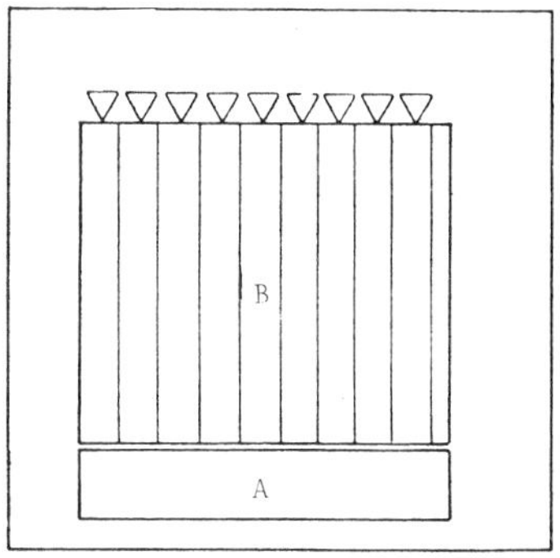

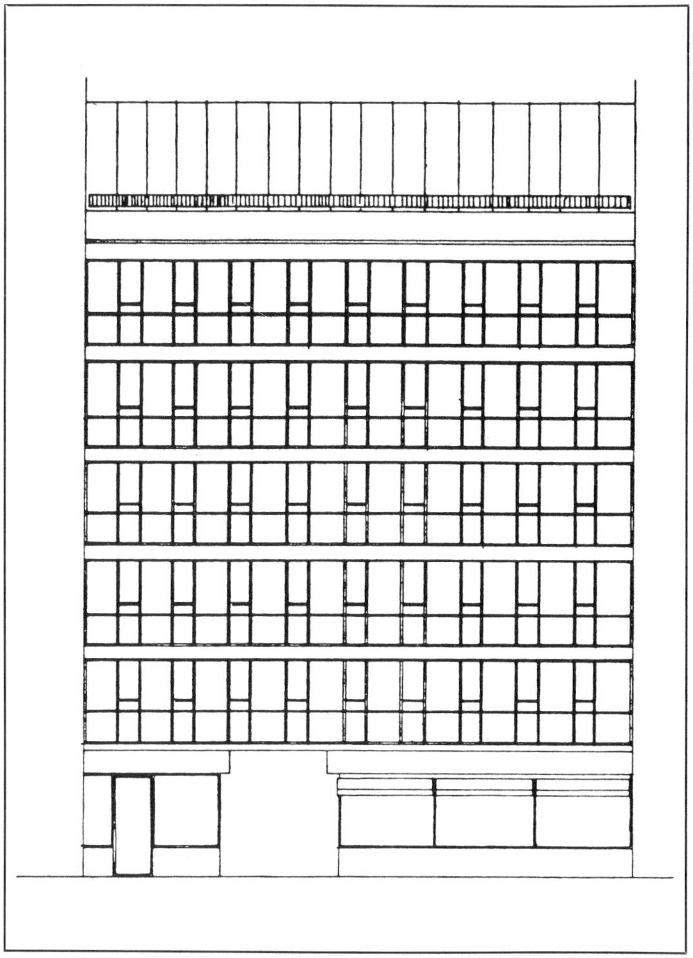

3er-Rhythmus

Florenz, Fassade der Laurentin-Bibliothek
Michelangelo, 1524

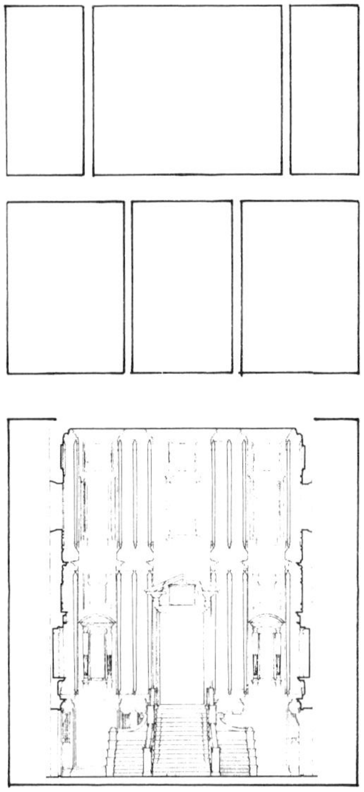

7er-Rhythmus

Florenz, Palazzo Rucellai

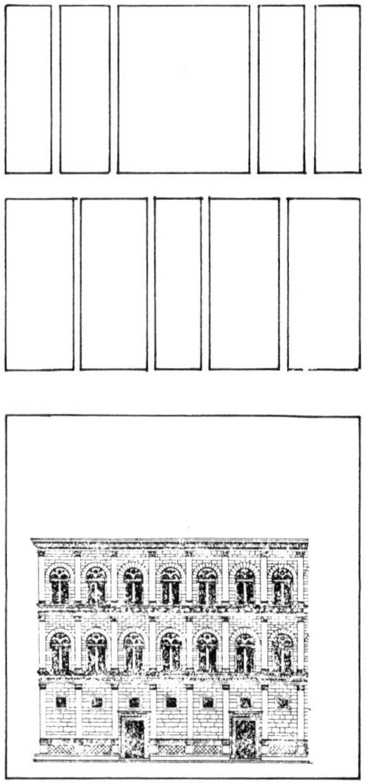

5er-Rhythmus

Villa Cornaro, Piombino
A. Palladio

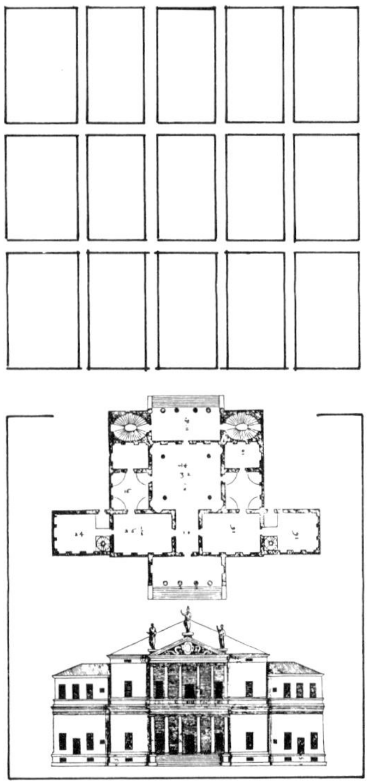

3er- und 5er-Rhythmus

Schematische Darstellung einer venezianischen Palastfassade (nach Riedl)

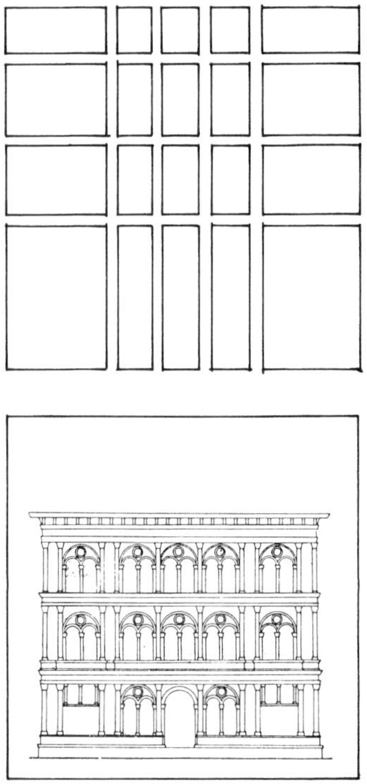

Fassade

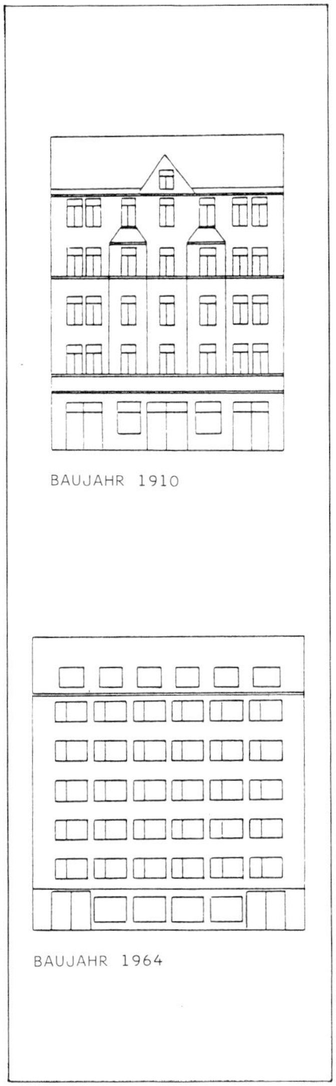

Bauteile

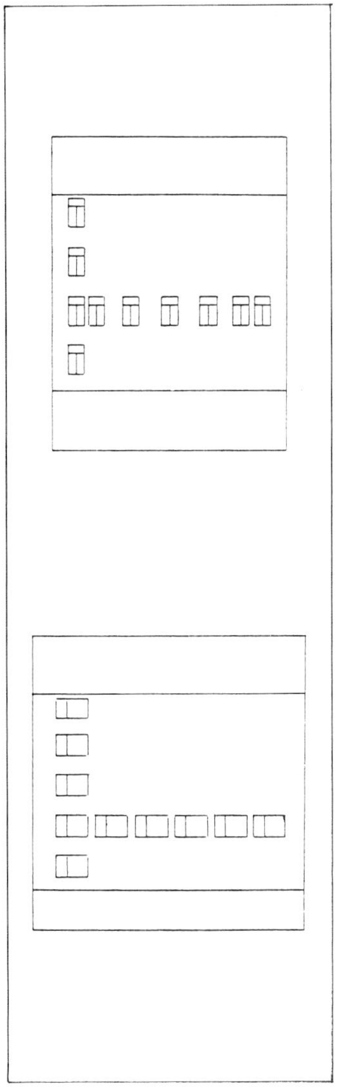

Rhytmus-Takt

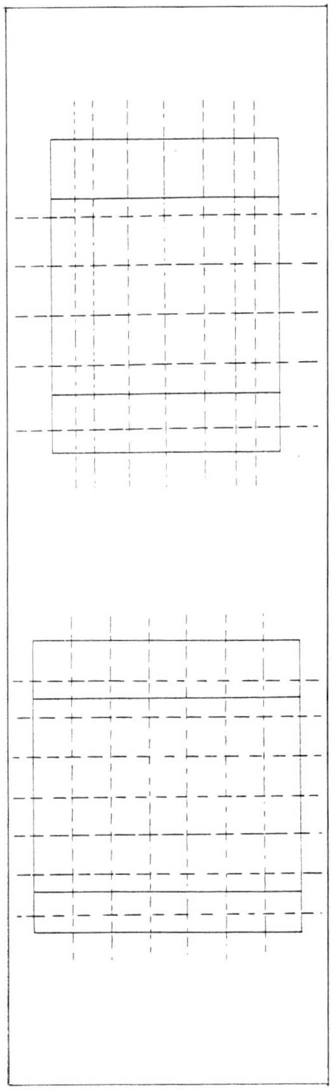

Zuordnung

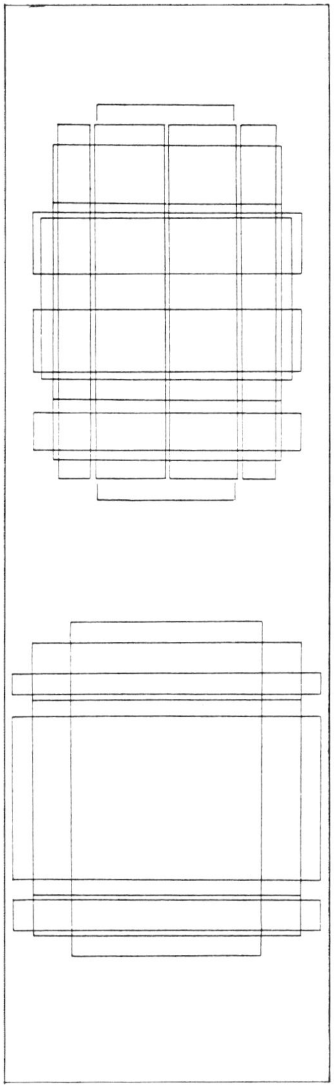

Der 3er-Rhythmus (genau wie der 5er- oder 7er-) hat durch seine mittige Symmetrie-Achse stets eine zwingende ordnende Kraft, wodurch Zusammenhang = Gestaltbildung leicht hergestellt werden kann.

Die 3er-Teilung auch für die Vertikale: Sockelzone, Mittelgeschosse, Dachbereich war die vorherrschende klassische Methode für die vertikale Gliederung von Bauten.

Immer wieder kann man beobachten, wie die auf 2er-, 4er-, 6er-Teilungen beruhenden Fassaden-Gestalten ‹gespalten › erscheinen, wogegen die mit ungerader Achsen-Anzahl komponierten Fassaden eine fast zwingende Gestaltbildung zeigen.

‹Raster-Fassaden› wirken oft in der Vertikalen und Horizontalen unbegrenzt. Ohne gestalterische Nachteile könnte man einige Achsen oder Geschosse hinzufügen (unten). Rhythmische Fassaden-Kompositionen wirken durch ihre oberen, unteren und seitlichen End-Felder nach außen abgeschlossen und durch ihre innere Komposition symmetrisch ausgewogen (z. B. Turm und Fassade).

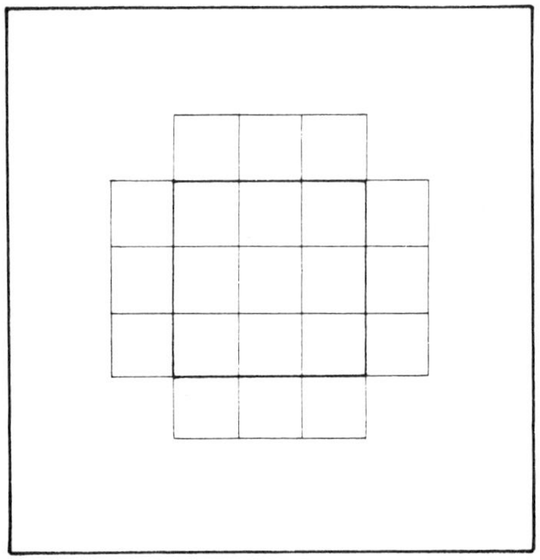

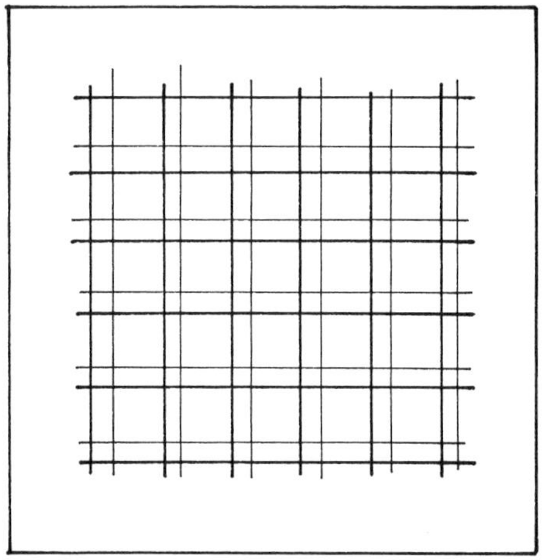

Raster

Einige einfache und vielschichtigere Raster bzw. Raster-Überlagerungen zum Erdenken einer mehr oder weniger merkmalsreichen Baugestaltung.

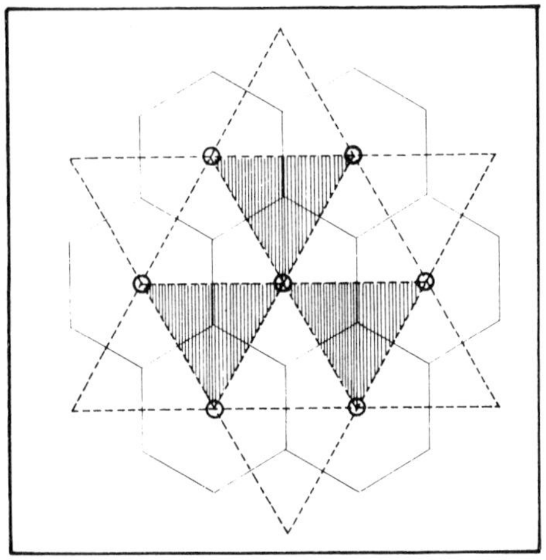

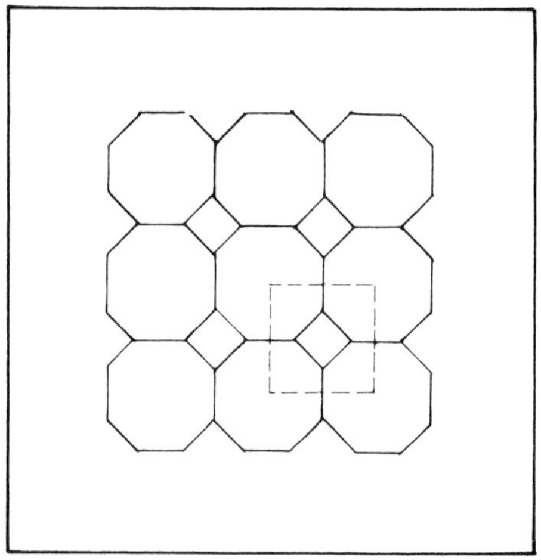

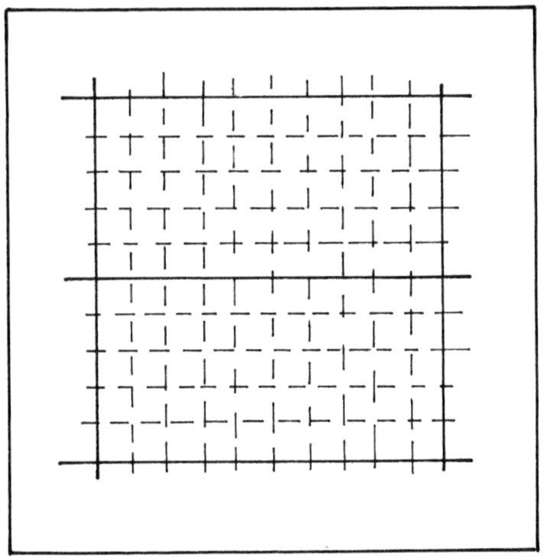

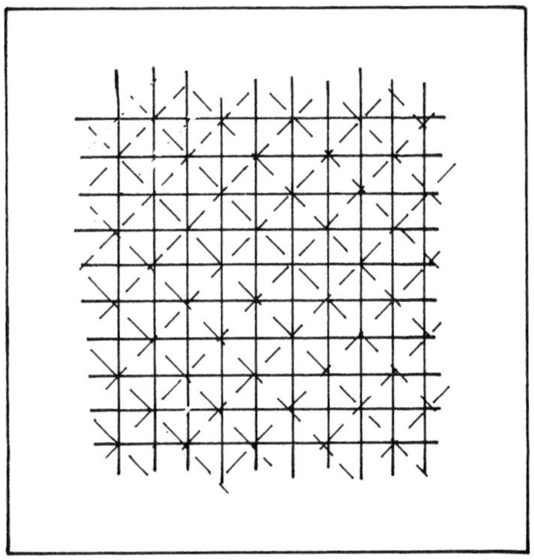

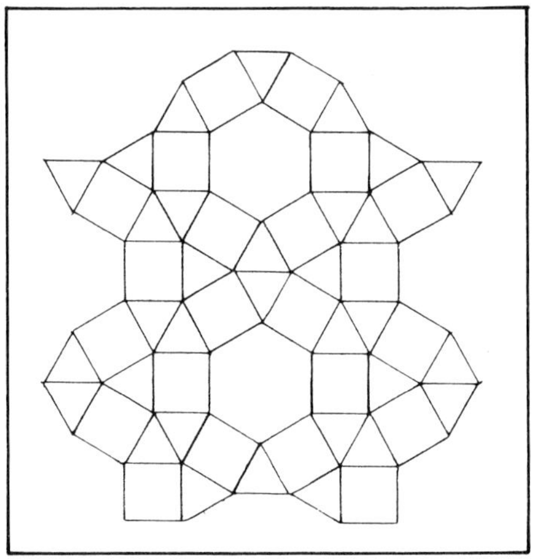

Raster

als Ordnungs-Hilfen im Städtebau mit willkommenen ‹störenden› Elementen, durch Verkehr, öffentliche Funktionen, Umriß, Topographie oder Wachstumsschritte.

Olynt (432 v. Chr.)

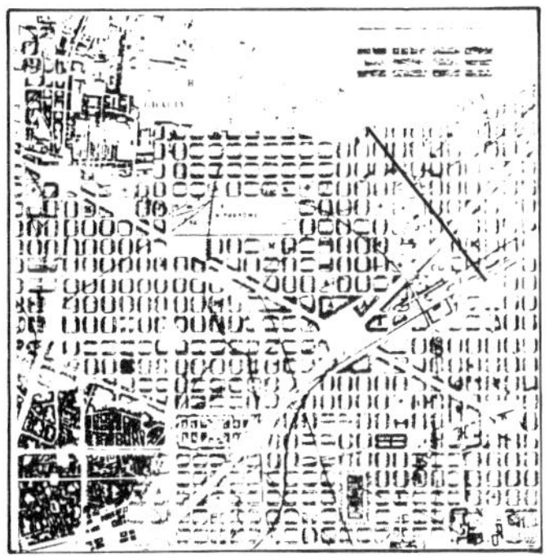

Stadterweiterung, Barcelona

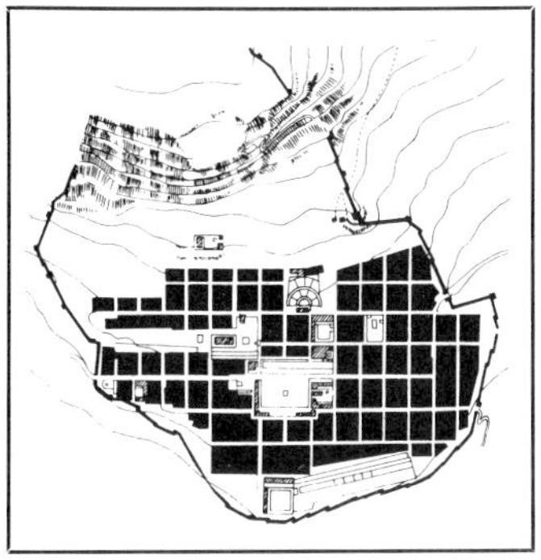

Priene (350 v. Chr.)

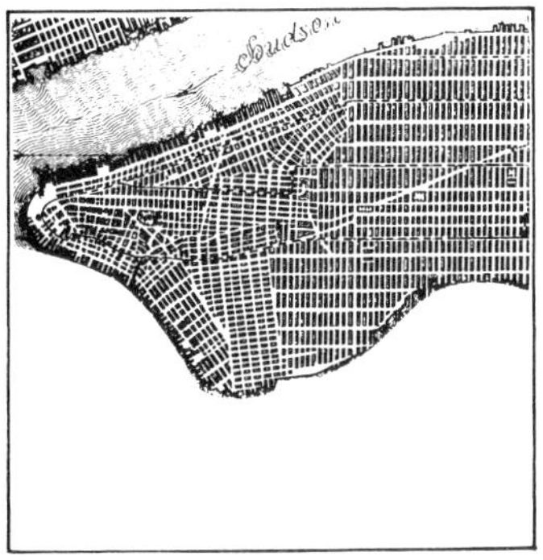

New York, Manhattan

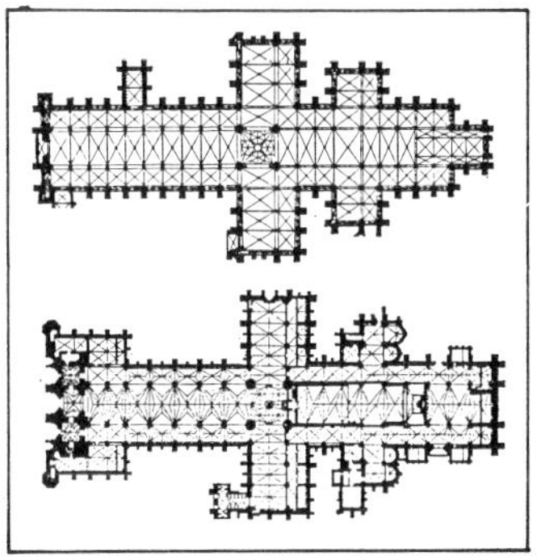

Raster

als Ordnungs-Hilfen für das Organisieren (Entwerfen) von Bauten:

Kathedralen Salisbury, Lincoln

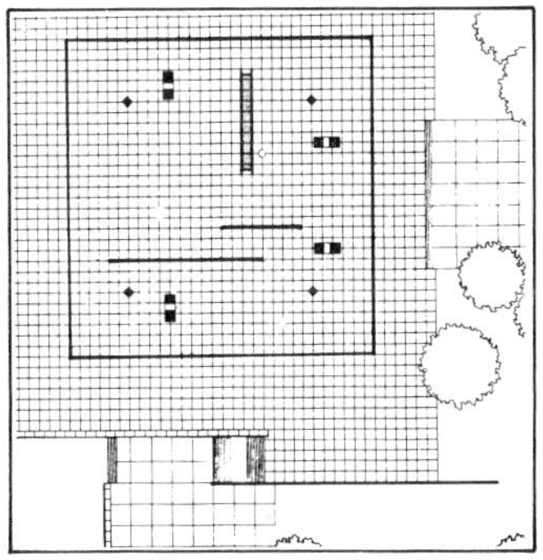

Entwurf F. eine Galerie (Mies van der Rohe)

Bürogebäude in Appeldorn (Hertzberger)

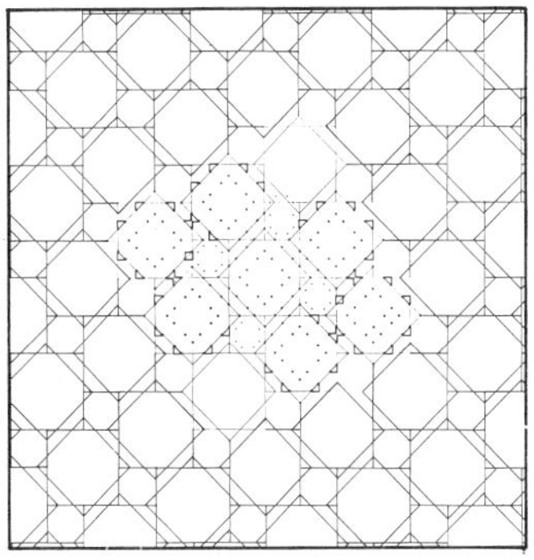

Architektur- und Art-Labor Universität Illinois (Architekt Walter A. Netsch)

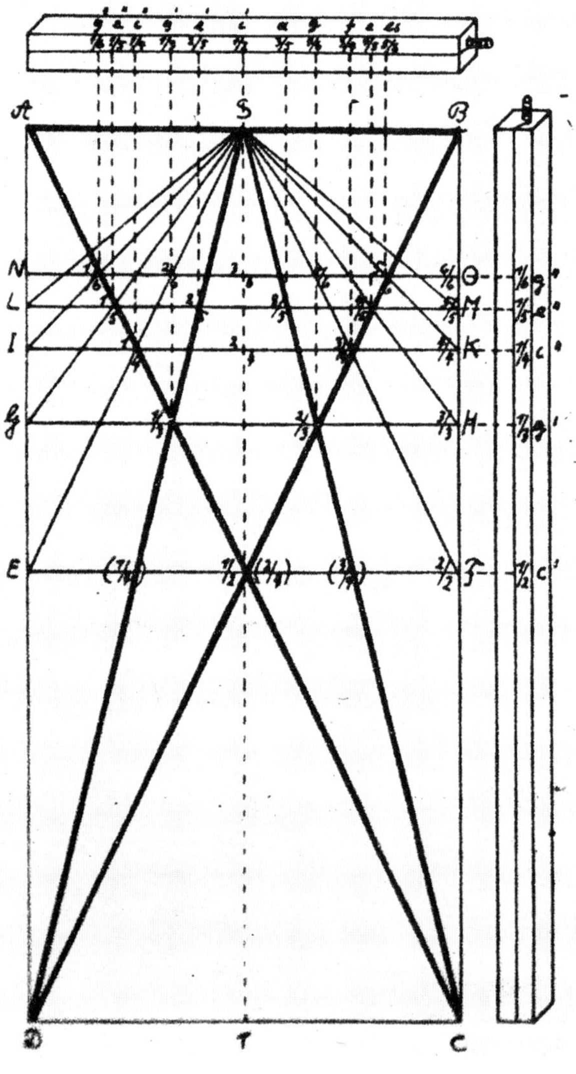
A
S
B
N
L
I
E
D
T
C

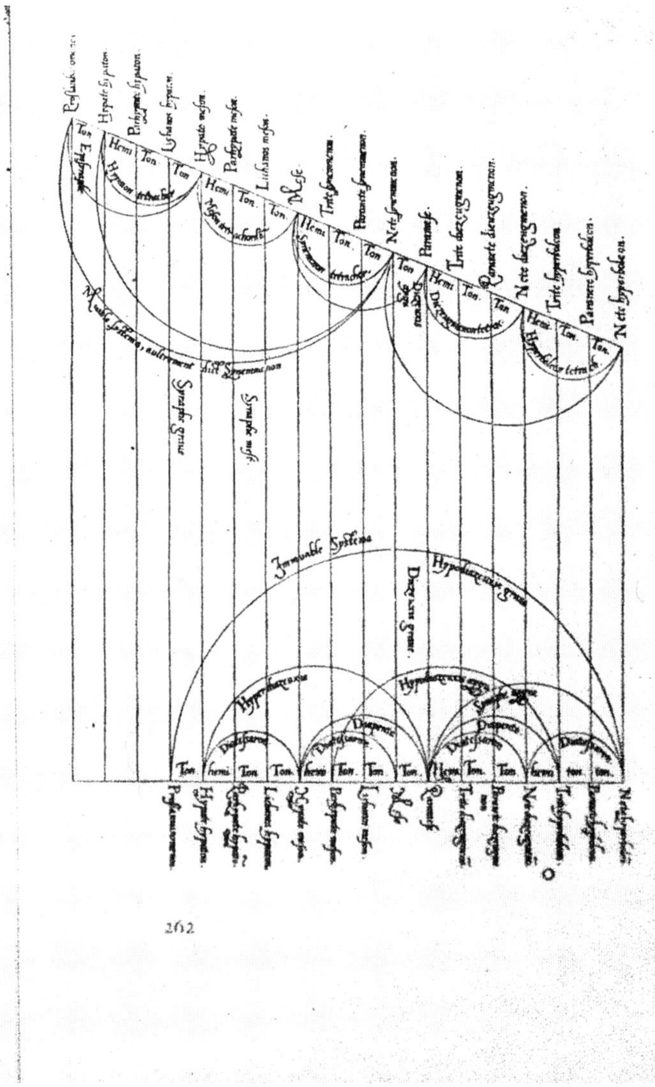

4.4 M A S S R E G L E R (Proportionen)

Die Maßverhältnisse an Bauten und ihren Teilen, also die Maße von Wand- und Öffnungsflächen, Gewölbe- und Gebälk-Abmessungen von der Antike bis zum Ende des Mittelalters, waren nicht nur material- und konstruktionsbedingt, sondern in ihrer Geometrie auch sehr stark durch einfache Vermessungsmöglichkeiten am Ort beeinflußt. Bauzeichnungen gab es fast nicht, und wenn, dann nur für die notwendigsten Schnitte bzw. Risse.
Grundrisse wurden am Ort eingemessen.

Hierbei mußten einfache geometrische Grundlagen, wie Kreis, Quadrat und Pythagoras, für den rechten Winkel verwendet werden.
So beherrscht z. B. das Quadrat und das verdoppelte Quadrat mit der Proportion 1 : 2 die Architektur der Römer und der Romanik.

In der Gotik gibt es mit Triangulatur und Kreisgeometrie schon komplizierte, aber doch noch relativ einfache, ganzzahlige additive Maßverhältnisse.
Erst mit der Renaissance und ihrer Besinnung auf die Harmonielehre vorrömischer Zeiten und auf den Menschen als Maß aller Dinge sowie durch verbesserte Maß- und Rechenmethoden wurden ganzzahlige Teilungsverhältnisse, ½, ⅓, ¼, möglich.

Grundsätzlich gilt für alle Proportionen der Ausspruch Leonardo da Vincis, der sich sinngemäß auch bei Vitruv und Palladio finden läßt:
«Diese Regeln sind nur zu benützen zur Überprüfung der Figuren . . . wenn Du die Regeln beim Komponieren verwenden wolltest, kämest Du nie zu einem Beginn und brächtest Verwirrung in Deine Werke.»
Proportionen sind Gleichungen, und zwar Gleichungen von Verhältnissen. Gleichungen kennen wir aus der Mathematik. Tatsächlich ist das Anwenden von Proportionen im Bauen wohl der erste Versuch, Qualitäten zu quantifizieren, also das sog. Schöne, die gute Gestalt, berechenbar zu machen, sie nicht ausschließlich dem Zufall zu überlassen.
Aus der Mathematik kennen wir die Grundlagen, z. B. der sog. geraden Verhältnisse:
Proportionalitäts-Faktor: z. B. zwischen Zeit und Weg bei gleicher Geschwindigkeit

$$\frac{s}{t} : \frac{5}{6} \quad \frac{10}{12} \quad \frac{15}{18} \ldots s = G \cdot t$$

Verhältnisgleichung: z. B. zwischen Säulen-Umfang und -Höhe

$$\varnothing\, 15,\ H = 300 \qquad \frac{H}{d} = 20$$
$$\varnothing\, 30,\ H = 600$$

Da also Proportionen Brüche mit Gleichheitszeichen sind, gelten für sie die Regeln der Bruch- und Gleichungsrechnung:
So kann man z. B. die Seiten vertauschen

$$\frac{a}{b} = \frac{c}{d} \qquad \frac{c}{d} = \frac{a}{b}$$

Produkt der Außenglieder = Produkt der Innenglieder

$$6 : 8 = 9 : 12$$
$$6 : 12 = 9 : 8$$

Innen- und Außenglieder vertauschbar

$$a : b = c : d \;/\; a : c = b : d$$

Dreisatz, Berechnung des vierten Gliedes

$$a : b = c : x \;/\; x = \frac{c \cdot b}{a}$$

Eine andere Art von Verhältnissen zeigen die geometrischen Reihen: z. B. 2, 4, 6, 8
oder die sog. Fibonacci-Reihen.
(Nächstes Glied = Summe der vorausgegangenen)

(1) 1, 2, 3, 5, 8, 13, 21, 34, . . .,

bei denen das Verhältnis der zwei aufeinanderfolgenden Zahlen, der sog. ‹Goldenen Zahl›, zustrebt.

$$\frac{1}{1}\ \frac{2}{1}\ \frac{3}{2}\ \frac{5}{3}\ \frac{8}{5}\ \frac{13}{8}\ \frac{21}{13} \ldots\ 1{,}618$$

Goldener Schnitt (die kürzere Seite verhält sich zur längeren wie die längere zur ganzen Strecke)

$$M = a^2 + \frac{a}{2} + \frac{a^2}{2} - \frac{a}{2}$$

M E m
A B

AE:EB = AE

$$\frac{AB}{M} \quad \frac{M}{m}$$

Der Goldene Schnitt als eine die menschliche Wahrnehmung befriedigende Proportion muß schon in Ägypten (z. B. Cheops-Pyramide) bekannt gewesen sein.
Platon beschreibt dieses Verhältnis in seinem Buch ‹Timaios›. Wahrscheinlich war die Kenntnis davon auch bis zu Pythagoras gelangt. Von Euklid jedoch stammt die erste überlieferte mathematisch-geometrische Formulierung.
Die Bezeichnung ‹Goldener Schnitt› ist noch nicht so alt. Luca Pacioli (1445–1514) gab 1509 einer Schrift über die stetige Teilung mit Zeichnungen von Leonardo da Vinci den Titel ‹De Divina Proportione›.
Dort findet sich auch die Bezeichnung ‹Regula Aurea›.
Kepler (1571–1630) bezeichnete diese proportionale Reihe als ‹Sectio Divina›.

Der ‹Modulor› von le Corbusier:
Le Corbusier lehnte die arithmetische Reihe, das additive System als Wurzel des Schematismus, in der Architektur ab. Ihm ging es nicht um additive Wiederholung, von gleichen Elementen, sondern um Lebendigkeit und Einmaligkeit, Besonderheit. Sein Proportionssystem ist da schon vom Ansatz her irrational.
Er wollte mit seinem ‹Modulor› einen freieren Satz von Modulen, von Normeinheiten bieten, mit denen sich eine menschengerechtere, auf den Menschen bezogene Normierung oder Standardisierung erreichen ließ.
Er sträubte sich dagegen, die toten Dinge, die Anforderungen der Technik, als Mitte oder Ausgangspunkt seiner Maßordnung zu nehmen.
In der Tradition des Vitruv geht er vom menschlichen Körper aus. Er teilt die Gesamthöhe (226 cm) von Fußsohle bis zu den Fingerspitzen des natürlich erhobenen Armes in Höhe des Nabels in zwei gleiche Abschnitte und postuliert, daß durch den Punkt des Handgelenkes des herabhängenden Armes die Gesamthöhe nach dem Goldenen Schnitt gegliedert ist, nämlich 86:140. Gleichfalls ist der Abstand von Fußsohle bis Kopfende nach dem Goldenen Schnitt geteilt, hierbei durch den Schnittpunkt des Nabels, also im Verhältnis 70:113.
Diese beiden Verhältnisse nun als Basis zweier unabhängiger Zahlenfolgen verwendet, und zwar sog. ‹Fibonacci-Reihen›, d.h. das Verhältnis zwischen zwei aufeinanderfolgenden Zahlen beträgt jeweils 1:1, 1,618, eben jenes Verhältnis, das der Proportion des Goldenen Schnittes zugrunde liegt.

6	11
9	18
15	30
24	48
39	78
63	126
102	204
165	330
267	534
432	863
698	1397
1130	2260
21890	
= Rote	= Blaue Reihen

		140	86
	226		54
		86	54
			32
Diese Strecken		113	70
	183		43
		70	43
			27

wurden nun noch mehrfach unterteilt, ebenfalls im Verhältnis des Goldenen Schnittes, so daß die sog. rote und blaue Reihe entstehen konnte.
Beide Reihen stehen im Verhältnis 2:1.
Die eine, also die blaue Reihe, ergänzt durch Zwischenwerte die andere, also die rote Reihe, und zwar so, daß bei Verdoppelung der Werte der roten Reihe diese als Werte in der blauen Reihe erscheinen.
Das bedeutet also eine begrenzte Addierbarkeit, eine wenn auch sehr begrenzte Übernahme des additiven Prinzips – und damit doch ein Zugeständnis an die Erfordernisse der Standardisierung moderner Bautechnik, ohne welches der Modulor gar nicht anwendbar gewesen wäre.
Trotzdem kennt der ‹Modulor› keine weiteren Vervielfachungs- oder Teilungsreihen und ist somit für eine rationale Fertigung, z.B. in Element-Bauweisen, eine äußerst umständliche Maßgrundlage.

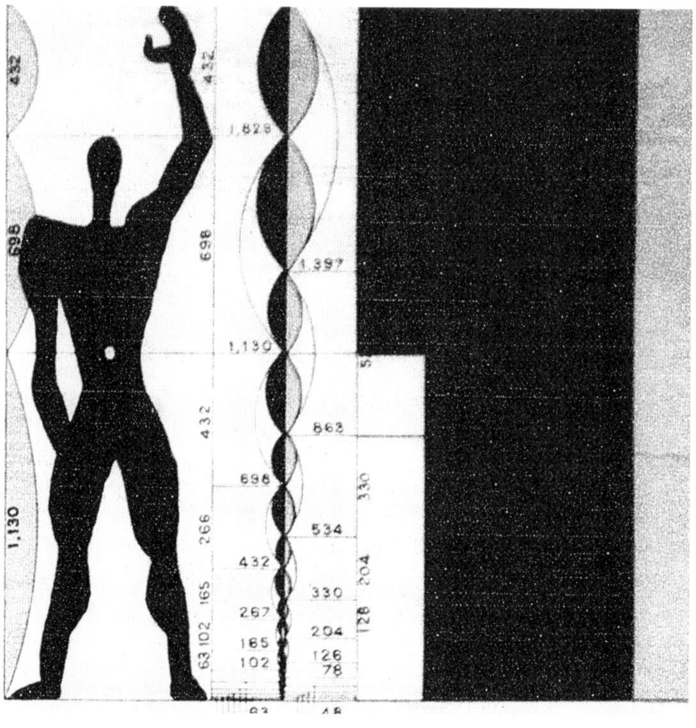

Der ‹Modulor› erntete daher auch viel Kritik in bezug auf praktische Brauchbarkeit – trotz des weltweiten Lobes für seinen humanen Ansatz.
Die Kritik bezieht sich im wesentlichen auf 3 Punkte:

1. Die Teilungsstruktur, die Teilbarkeit und Addierbarkeit, Multiplizierbarkeit reichen nicht aus, um damit die verschiedensten Gewerke an einem Bau koordinieren zu können.
2. Innerhalb jeder der beiden Reihen haben nur die Nachbargrößen ein einfaches Verhältnis zueinander, nicht aber die entfernteren. Jeder Wert der einen Reihe hat zum gegenüberliegenden Wert zwar das Verhältnis 2 : 1, untereinander sind aber die Verhältnisse unübersichtlich und alles andere als einfach.
3. Le-Corbusiers-Skalen sind zu unbeweglich, besonders im oberen Bereich. So lassen seine Maßwerte z. B. nur eine normale Raumhöhe von 2,26 m oder 2,96 m zu.

Trotzdem geht bzw. ging ein Großteil der Kritik an der Absicht Corbusiers vorbei, ohne sie erkannt zu haben. Corbusier ging es primär nämlich nicht um Standardisierung, sondern um den Menschen als das Maß aller Dinge. Nur seine Verteidigung führte er mit den Argumenten und Anliegen unserer Zeit.
Soviel zu Corbusiers ‹Modulor›, mit dem er sich sicher nicht unbewußt und ungeschickt in die Reihe der großen Architektur-Theoretiker, der großen ‹bewußten› Architekten einzureihen versucht hat, die alle eine von den Maßverhältnissen des Menschen ausgehende Maßordnung von Bauten empfohlen hatten.
In seinem Buch ‹De Divina Proportione› sagt L. Pacioli im Hinblick auf die Maßverhältnisse: ‹Vom menschlichen Körper rühren alle Maße her. In ihm findet sich jegliche Proportion, durch die Gott die innersten Gesetze der Welt offenbart.›
23 Jahre früher, 1485, waren Albertis 10 Bücher über die Baukunst erschienen. Auch Alberti bekennt sich zum Leitspruch des antiken Bauens:
‹Daß der Mensch das Maß aller Dinge› ist (angeblich ein Ausspruch des berühmten Sophisten Protagoras aus dem 5. vorchristlichen Jahrhundert).
Schönheit definiert Alberti nach den gleichen Kriterien für einen Bau wie für einen Menschen:
«Schönheit entsteht dadurch, daß die einzelnen Teile untereinander und zum Ganzen in gutem Verhältnis stehen, ohne daß etwas hinzugefügt oder weggenommen werden könnte, das die ganze Harmonie zerstören würde.»
Alberti stützt sich dabei, wie die gesamte Renaissance, ganz auf Vitruv ab, dem römischen Baumeister und Architektur-Schriftsteller. Für Vitruv war der menschliche Körper Ausdruck der vollkommensten Maßverhältnisse:
«Wenn daher die Natur den Körper des Menschen so gebildet hat, daß die Glieder zu seiner ganzen Gestalt bestimmten Verhältnissen entsprechen, so schienen die Alten mit Grund es so festgesetzt zu haben, daß sie auch bei der Ausführung von Bauwerken ein genaues Maßverhältnis der einzelnen Teile wieder zu der ganzen äußeren Gestalt betrachten ...»

Oder anders:
Bauten werden vom Menschen, von der menschlichen Wahrnehmung, nur dann als angenehm empfunden, wenn sie in ihren Verhältnissen dem menschlichen Maße entsprechen.
Nach Vitruv mußte also z. B. ein Tempel in seinen ganzen Abmessungen und in seinen Teilen den Maßen und Gliedern eines wohlproportionierten Menschen entsprechen.
Die Gestalt des Menschen galt als das Ebenbild Gottes und als sichtbares Echo der Harmonie im Weltall, als Vermittler zwischen Kosmos und Seele,
oder zwischen dem Makro-Kosmos der Welt und dem Mikro-Kosmos der Seele.
Bekannt ist die Vitruvsche Figur oder die berühmtere Kopie von Leonardo, bei der ein Mensch mit ausgestreckten Armen sowohl ein Quadrat als auch einen Kreis aufspannt bzw. davon umschrieben werden kann.
Für Vitruv war das ein Beweis für die Perfektheit des menschlichen Körpers.
Alle Vitruvsche Weisheit jedoch war nur eine schlecht verstandene und zusammengeschriebene Sammlung von Erkenntnissen, die sich im wesentlichen aus den pythagoreischen Geheimschulen recht und schlecht – bis in römische Zeiten – erhalten hatte.
Hans Kayser hat in seinen verdienstvollen Schriften versucht, alles noch erreichbare Material über die pythagoreische Lehre von der Akroasis oder von der Harmonik der Welt zusammenzutragen.
Kayser zitiert auch eine Definition von Harmonie aus Albertis 10. Buch über die Baukunst:
«Harmonie nenne ich einen den Ohren angenehmen Zusammenklang.»
Das Ohr also und nicht das Auge spielt für die Harmonie die entscheidende Rolle, denn es hat von allen unseren Sinnen den Vorzug der exakten Unterscheidungsfähigkeit für Raum-Zeit-Wahrnehmungen.
Kayser erwähnt das bekannte Beispiel zweier nebeneinander schlagender Pendel: das Ohr kann bis auf $\frac{1}{20}$ Sekunde unterscheiden, ob ihre Schläge zusammentreffen oder nicht. Das Auge würde schon bei einer $\frac{1}{10}$ Sekunde schei-

tern, wenn es unterscheiden sollte, ob Lichtblitze z. B. zusammenfallen oder nicht.
Experimentiert man z. B. wie Pythagoras mit einer über einem Holzbrett gespannten Saite, mit einem Monochord, so kann man nur mit Hilfe des Ohrs genaue Intervalle, also Oktave, Quint, Quart und Terz heraushören. Bei anschließender Messung der Saitenabschnitte stellt sich heraus, daß das Ohr ganz genaue Zahlenverhältnisse dieser Saite, also $1/2$, $1/3$, $1/4$, $1/5$, $1/6$, $1/7$, $1/8$, herausgefunden hat.
Ein anderes Beispiel:
Das Auge kann den reinen Goldenen Schnitt mit dem arithmetischen Hauptverhältnis, dem sog. Major, von 0,618 nicht von seiner vereinfachten Annäherung 5 : 8 unterscheiden, während das Ohr sofort den Goldenen Schnitt gegenüber dem Verhältnis 5 : 8, der Sext also, als unrein empfinden würde.
Irgendwo in unserem Innern, in unserer Seele, muß es bestimmte Urformen geben, die mit musikalischen Entsprechungen, mit bestimmten Tonverhältnissen, leichter entdeckt werden können als mit visuellen Proportionen. Obwohl der Mensch wegen der überragenden Bedeutung seines Sehsinnes auch als Augentier bezeichnet wird, hat doch das Ohr eine viel stärkere Beziehung zu seinem Innern, zur Empfindungssphäre. Schon rein physisch liegt das im Schädelknochen verpackte Zentralohr in direkter engerer Beziehung zum Gesamt-Nervensystem, wogegen der Augennerv direkter mit dem Gehirn, mit der Verstandessphäre, verbunden ist. Die viel stärkeren psychischen Störungen bei Ohr- als auch bei Augenverletzungen scheinen das zu bestätigen.
Dieser Vorteil des Hörens, leichteren Zugang zu finden zu unserer Seele (Psyche sagt man heute) und seiner Fähigkeit, Übereinstimmungen von Tonfolgen oder Klanggestalten mit seelischen Urformen oder Urgestalten zu beurteilen, mit seiner Urteilsfähigkeit, z. B. für Konsonanzen oder Dissonanzen, wurde schon früh gesehen.
Hans Kayser (‹Akroasis› oder die ‹Lehre von der Harmonik der Welt›) erwähnt eine 3000jährige Tradition für solche auf der Harmonik beruhenden Versuche, eine Brücke zu finden zwischen dem seelischen Empfinden des Menschen und der umgebenden physischen Welt.
Bei den Pythagoreern entstand aus diesem sog. harmonikalen Denken erstmals eine autonome Wissenschaft. An Experimenten mit dem Monochord, dem Ein-Saiten-Instrument, fanden sie ihr System der Tonzahlen, mit dem sie vom Kosmos bis zur Seele alles analysierten.
Durch die leichte Übertragbarkeit des Hörbaren in das Sichtbare war die Anwendung dieses Verfahrens auf die Architektur einfach.
Die Proportionierung der einzelnen Teile konnte mit Hilfe des Tonempfindens überprüft bzw. festgelegt werden.
Unstimmigkeiten und Dissonanzen fielen dem Ohr viel leichter auf als dem Auge.
Solch ein Vorgehen entsprang nicht der fixen Idee, daß ‹Architektur gefrorene Musik› sein müsse, um einen Ausspruch Schopenhauers zu benutzen, sondern der Überzeugung von der Synthese der Welt, in der alles Schöne und Vollkommene irgendeinen geheimnisvollen gemeinsamen Nenner haben müsse.
Wir würden sagen:

> Mehr Gestalt-Qualität durch mehr Ähnlichkeiten,
> Gleichartigkeiten und mehr Zusammenhang

nicht nur zwischen Bauwerk und Umwelt, sondern eine Art Übersumme zwischen Bauwerk, Umgebung und Benutzer.
Kayser weist in seiner harmonikalen Analyse der Paestumer Tempel darauf hin, daß alle Tempel von Architekten gebaut sind, die entweder Pythagoras persönlich gekannt haben mußten oder die zumindest mit seinen Schülern in Beziehung standen.
Kayser weist in seiner Studie auch nach, daß die Beschreibung dieser Tempel mit den Mitteln der Musik keine dichterischen Freiheiten sind, sondern daß sie einen sehr realen Hintergrund haben.
In gründlicher Analyse von Längen-, Breiten- und Höhenmaßen der drei Tempel und viele ihrer Teile zeigt er, daß diese Proportionen tatsächlich harmonikalen Klanggestalten entsprechen.
Die Einzelformen summieren sich zu einer normenhaften Ganzheit und Schönheit, ebenso wie die einzelnen Töne zu einem Akkord, einem ‹Melos›.
«Das Wissen um die Möglichkeiten der Musik aber muß er verstehen, damit er die Kenntnis von der harmonischen Berechnung der Töne und ihren mathematischen Verhältnissen innehabe» (Vitruv).
Für *Alberti* ist der oberste ästhetische Begriff die Concinnitas, das Zusammensingen, Zusammenklingen aller Teile zu einem Ganzen.
«Und tatsächlich bestätige ich wieder den Ausspruch des Pythagoras: es ist vollkommen sicher, daß sich die Natur in allen Sinnen gleichbleibt. Die Zahlen aber, welche bewirken, daß jenes Ebenmaß der Stimmen erreicht wird, das den Ohren angenehm ist, sind dieselben, welche es zustande bringen, daß unsere Augen und unser Inneres mit wunderbaren Wohlgefühlen erfüllt werden. Von den Musikern also, welche diese Zahlen am besten kennen, und außerdem daraus, worin die Natur uns einen besonders geeigneten und wertvollen Anhaltspunkt gewährt, wollen wir das ganze Gesetz der Beziehung ableiten.»
Ein Kapitel weiter, im 6. des X. Buches über die Baukunst, gibt Alberti dann Anweisungen über harmonikale Proportionierungen, unter Verwendung von musikalischen Dreiklängen.

Noch in Gottfried Sempers kleinen Schriften findet man die folgende Stelle:
«Die gesamte antike Architektur war nach der Analogie, und zwar derjenigen Gesetze gestaltet, die in der Musik am leichtesten in Zahlen und Größen darstellbar sind.»
Auch Theodor Fischer hielt noch eine architektonische Harmonielehre im Anschluß an eine musikalische für durchaus möglich, und der alle subjektive Willkür in der Baugestaltung bekämpfende holländische Architekt Berlage fragte in seinen 4 Vorträgen im Zürcher Kunstgewerbe-Museum um die Jahrhundertwende: «Warum soll die Architektur, jene Kunst, die so oft mit der Musik verglichen wird, ohne rhythmische, d. h. geometrische Gesetze, komponiert werden?» Er zitiert dabei die Analogie zwischen den Hauptdimensionen des Parthenon, Länge, Breite und Höhe, mit einem großen Akkord.
Mit diesem Rückblick sollte an eine Zeit erinnert werden, in der zur Entfaltung wirklicher Baukunst die Einstellung vorherrschte, daß der Mensch sich auf diese Weise am umfassenden Schöpfungswerk beteiligen durfte, da dieses in seiner Vollkommenheit alle Kräfte herausfordere, um die Gesetze des Schönen erst zu erkennen, darzustellen, bevor er sie dann bei den eigenen Bauten zu befolgen versuche.

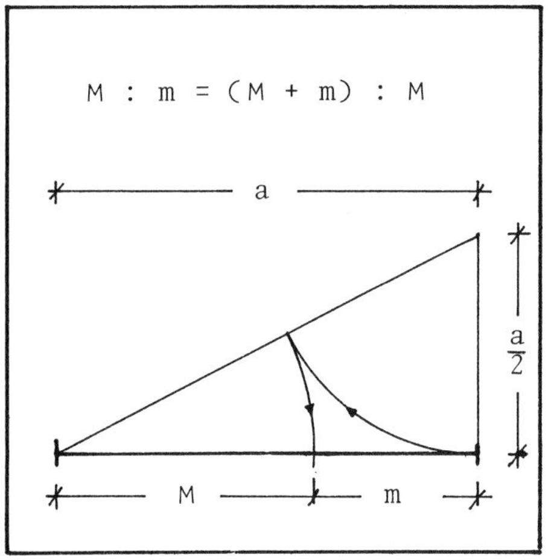

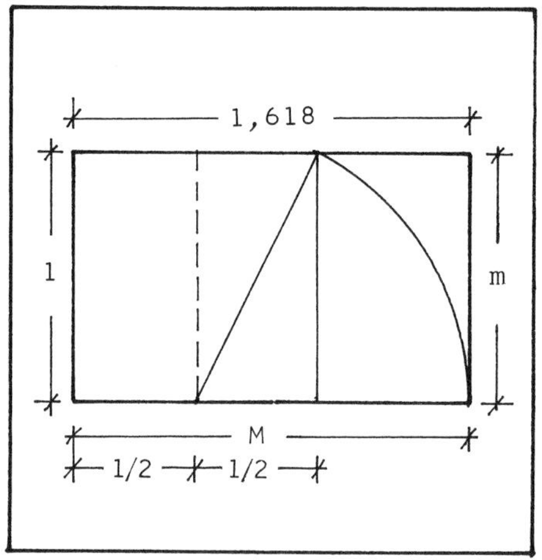

Proportionen

Goldener Schnitt

Die Teilung einer Strecke in 2 Teile, wobei sich der größere zur Gesamtstrecke nach der mathematischen Formel
M : m = (M + m) : M verhält.
Das Verhältnis des kleineren Teils zum größeren ist dabei etwa 5 : 8.

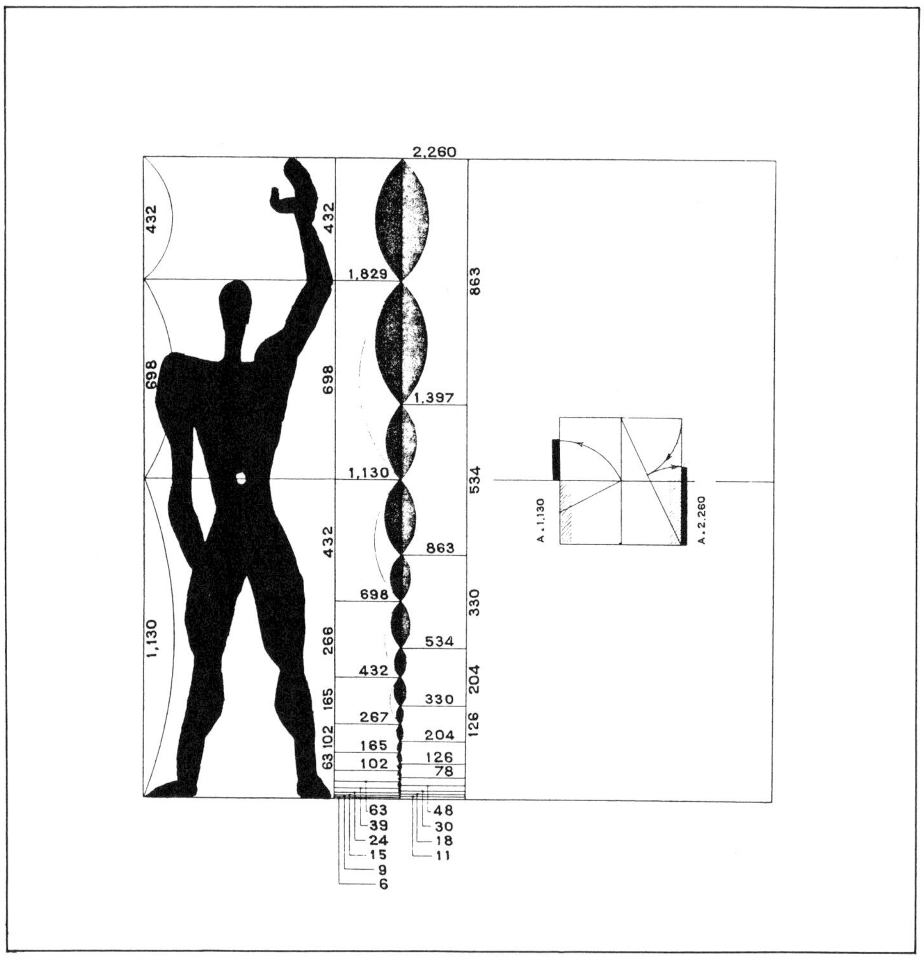

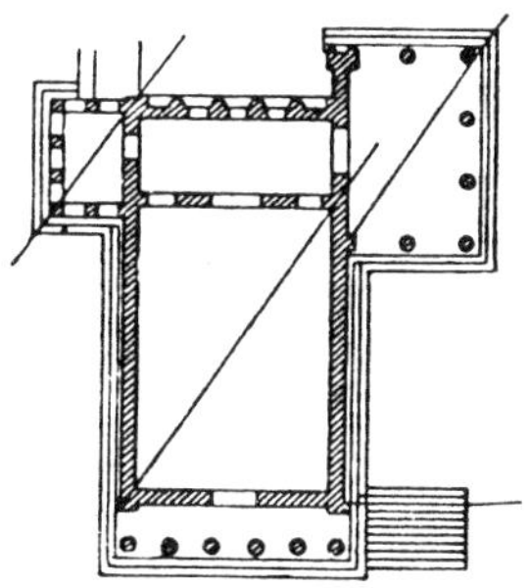

Erechtheion
zu Athen (nach Thiersch)

Proportionen

Die Ähnlichkeit der Figuren, die Analogie des Einzelteils mit dem Ganzen, wird als Bedingung für mehr Zusammenhang und damit für mehr Gestalt-Qualität gesehen.

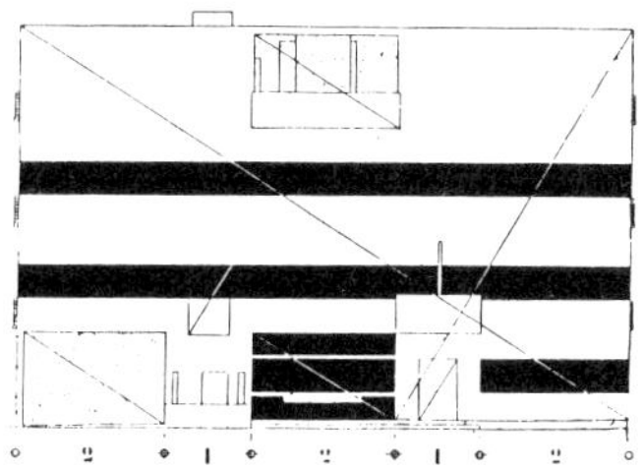

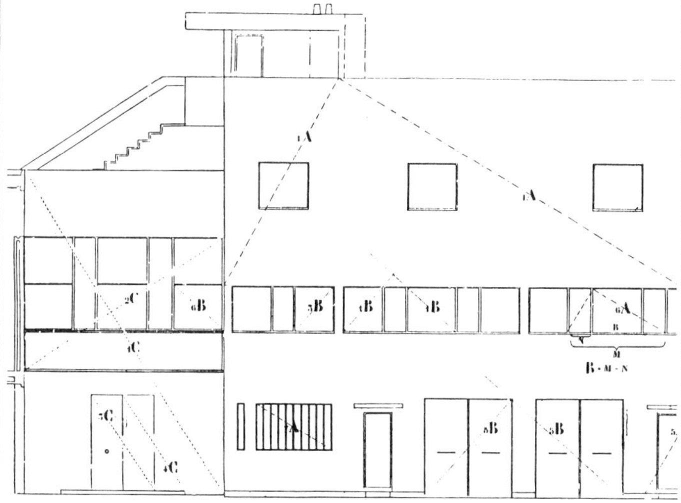

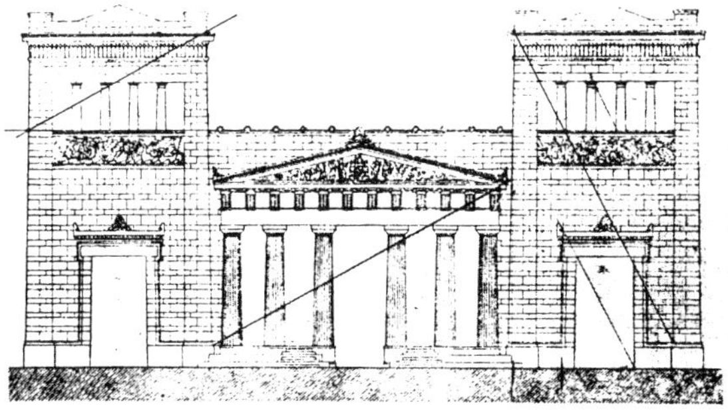

Abb. 26. Propyläen zu München (nach Thiersch)

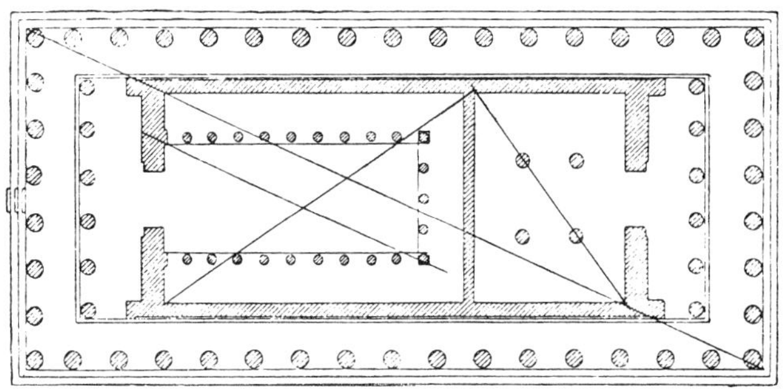

Parthenon (nach Thiersch)

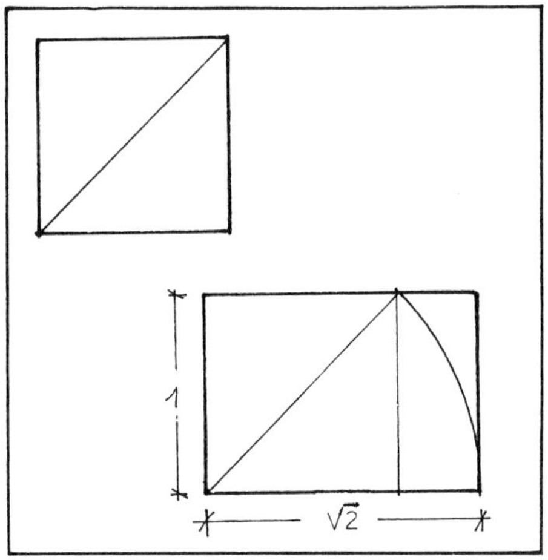

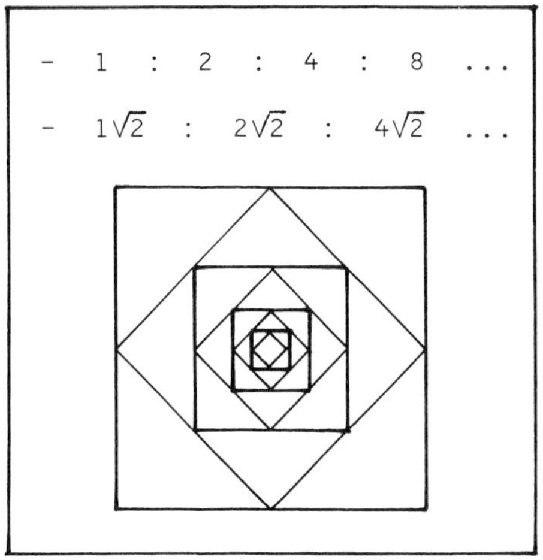

Proportionen

Quadratur

ein Proportionierungsschema, das auf dem Quadrat und dem Verhältnis von der Quadratseite zur Diagonale basiert.

Quadraturschema St. Michael, Hildesheim

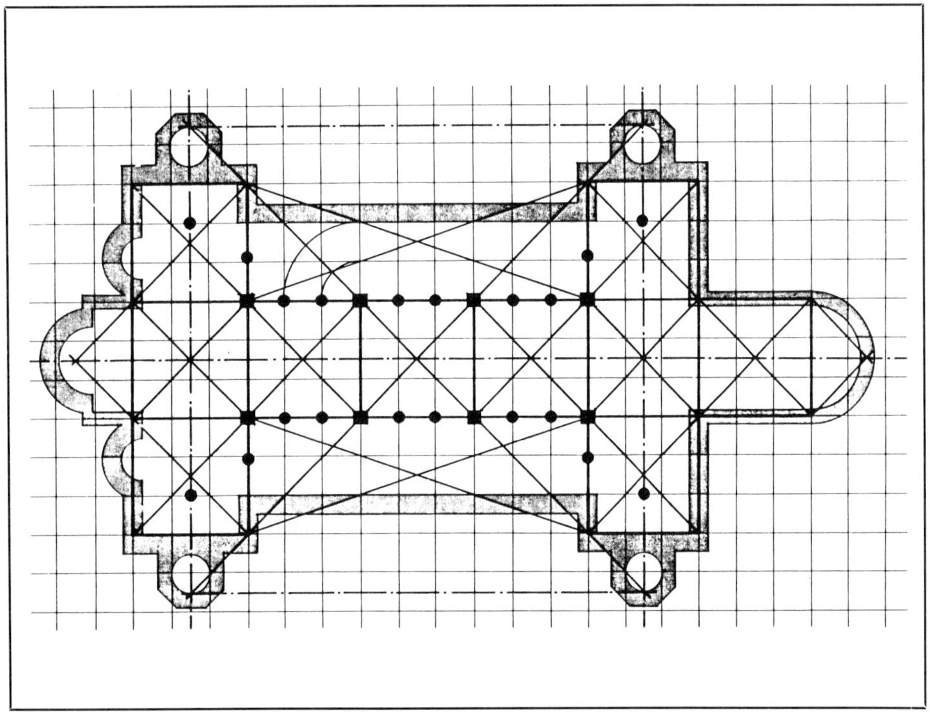

DIN-Formate basierend auf dem Verhältnis 1 : √2.

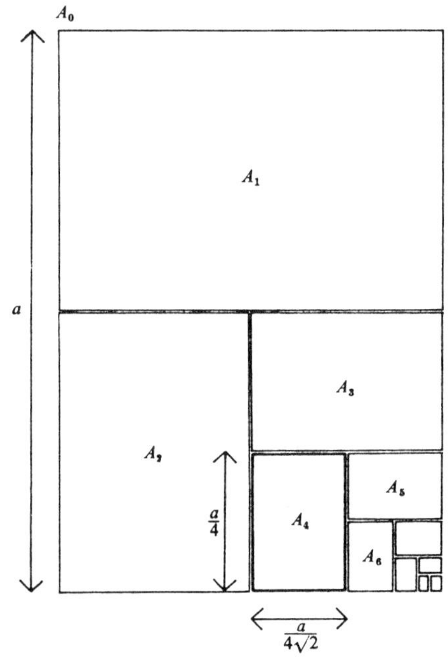

Proportionen

Triangulatur
Leicht mit Meßschnüren aufzuspannendes gleichseitiges oder auch spitzwinkliges gleichschenkliges Dreieck als Maß- und Verhältnis-Einheit, vor allem in der Gotik.

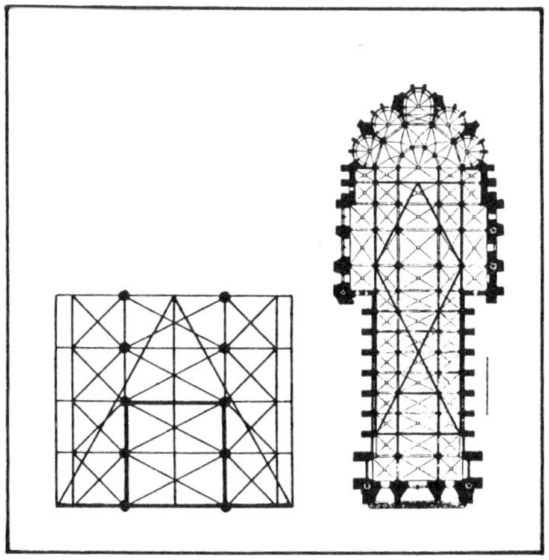

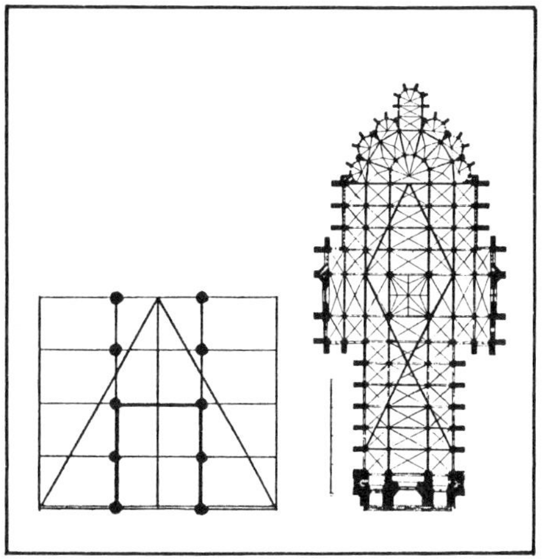

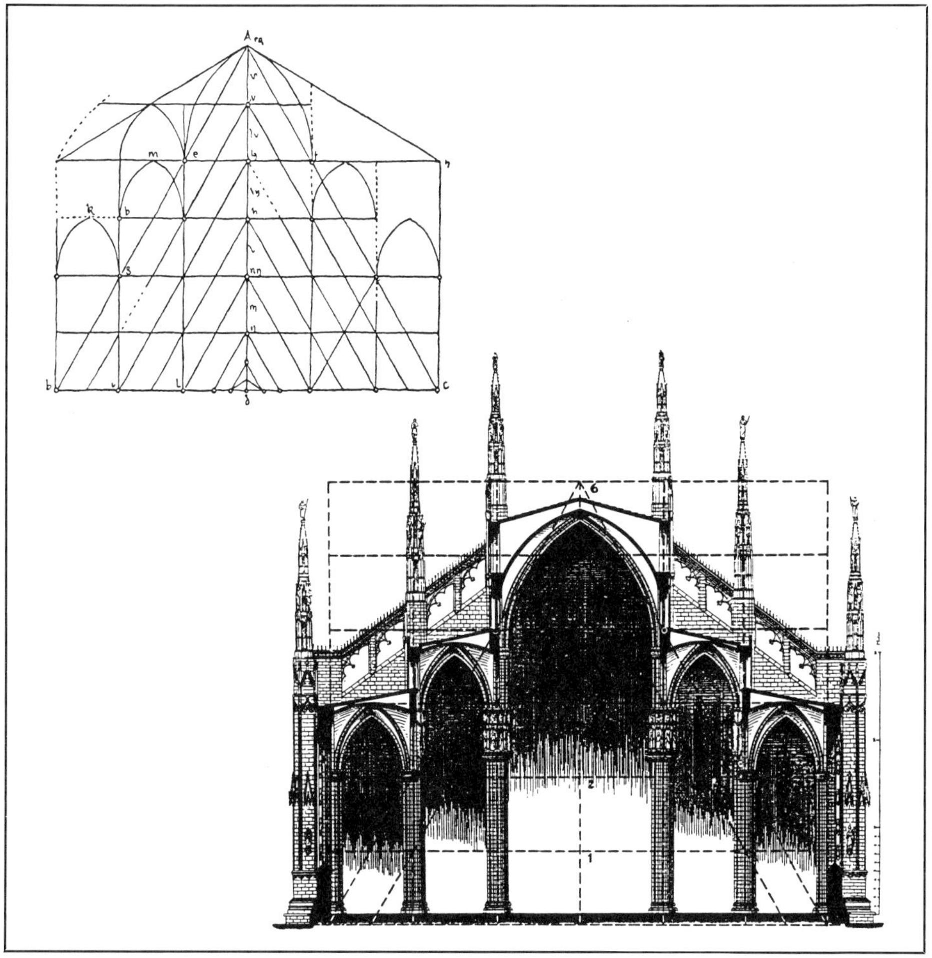

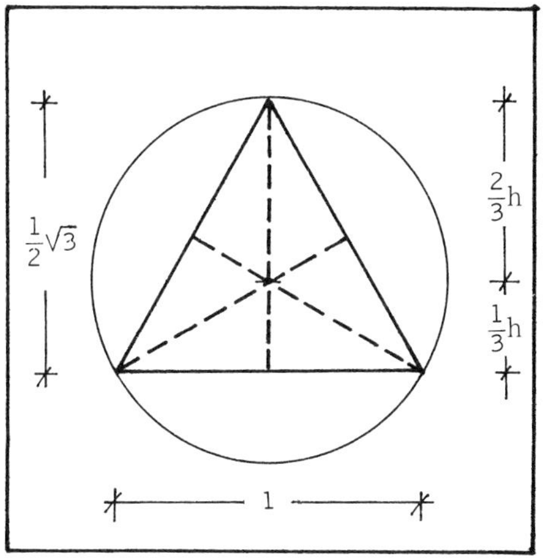

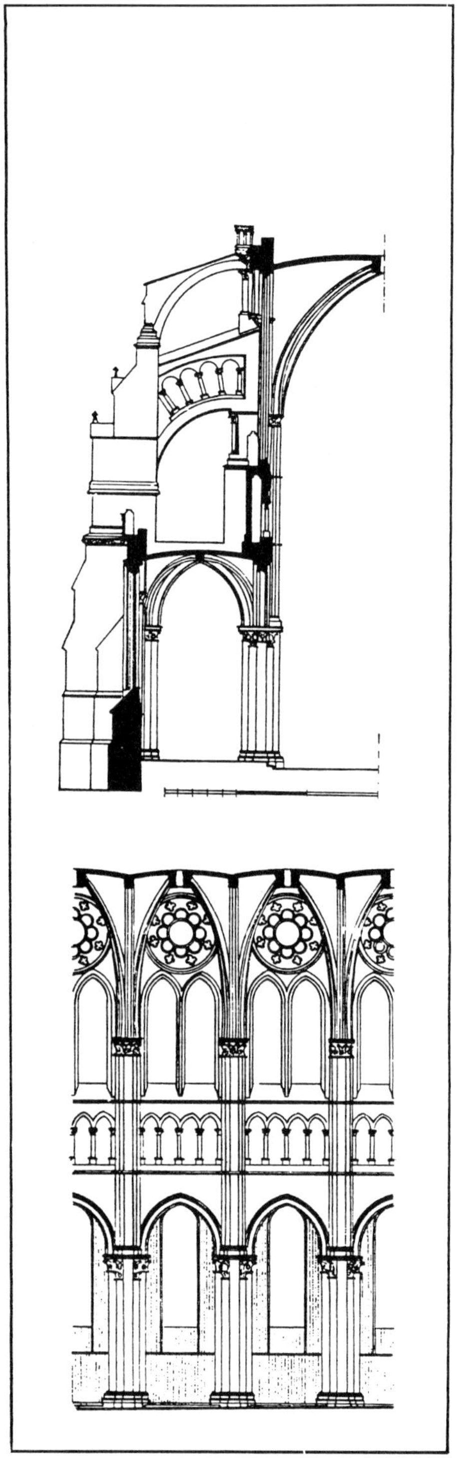

Die Tonzahlen für die Intervalle einer Tonleiter bilden einfache und ganzzahlige Verhältnisse.
Bezogen auf die Basis der Primzahlen ergeben sich z. B. für die Molltonleiter folgende Proportionen:
Sekunde 9:8
Mollterz 6:5
Quarte 27:20
Quinte 3:2
Sexte 8:5
Septime 9:5
Oktave 2:1

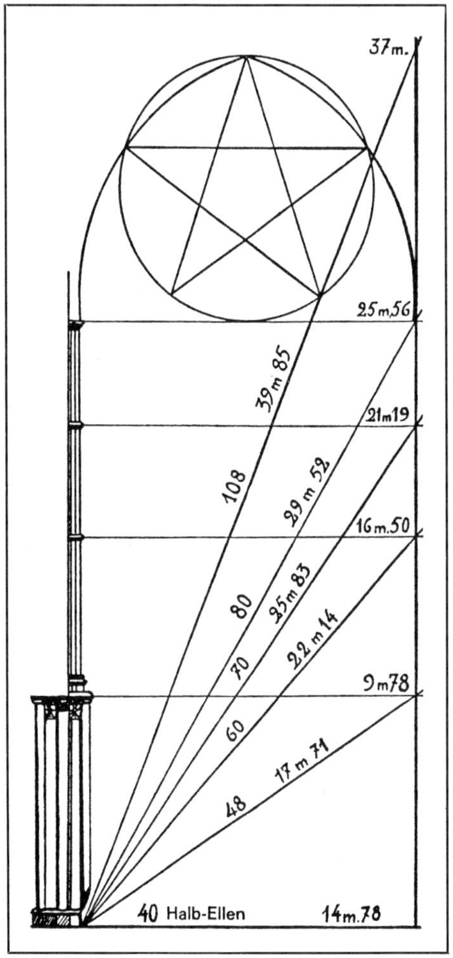

Proportionen

Die harmonikale Teilung zeigt Zusammenhänge zwischen ‹angenehmen› akustischen Klanggestalten und den dazugehörenden visuellen Saiten-Abschnitten.

Kathedrale von Chartres:
Nach L. Charpentrier entwickelt sich die Innenwand-Gliederung nach dem harmonikalen Teilungsverhältnis. Es zeigen sich Parallelen zu den ‹Proportionen› einer Molltonleiter.

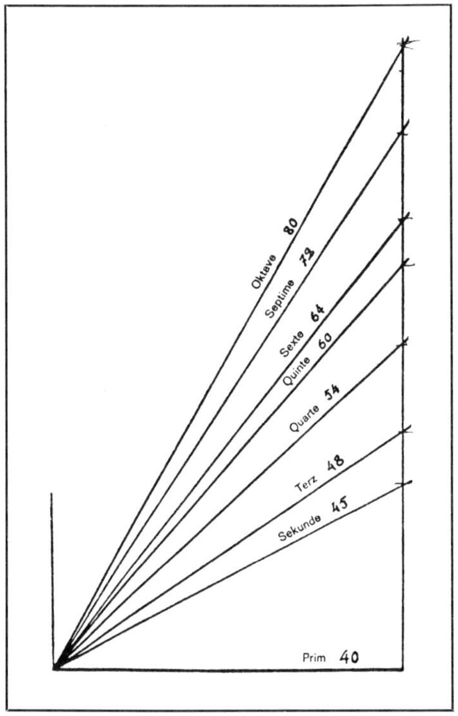

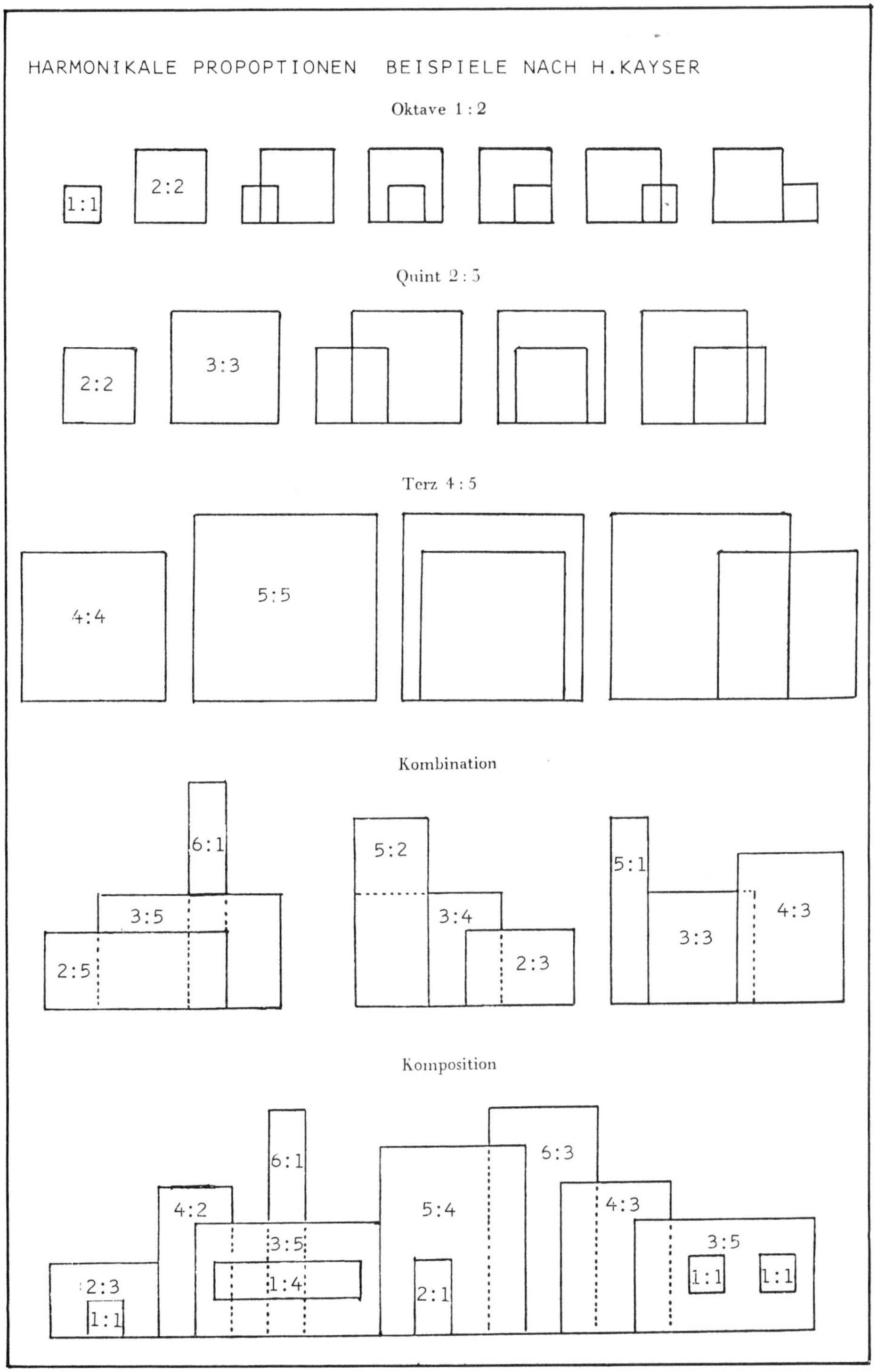

Harmonikaler Teilungskanon beim Menschen (nach H. Kayser)

- 1/12 Nasenflügel
- 1/11
- 1/10 } Mund
- 1/9
- 1/8 Kinn
- 1/7 unterer Halsansatz
- 1/6 obere Schulterbreite
- 1/5 untere Schulterbreite
- 1/4 Brustwarze
- 1/3 Unterende des Brustkorbes
- 1/2 Penis, Ansatz der Hand
- 1/1 Fußpunkt

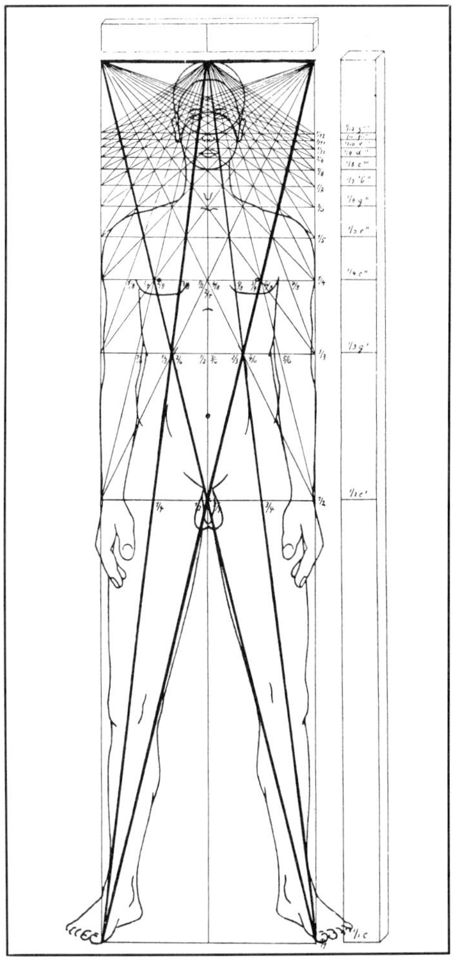

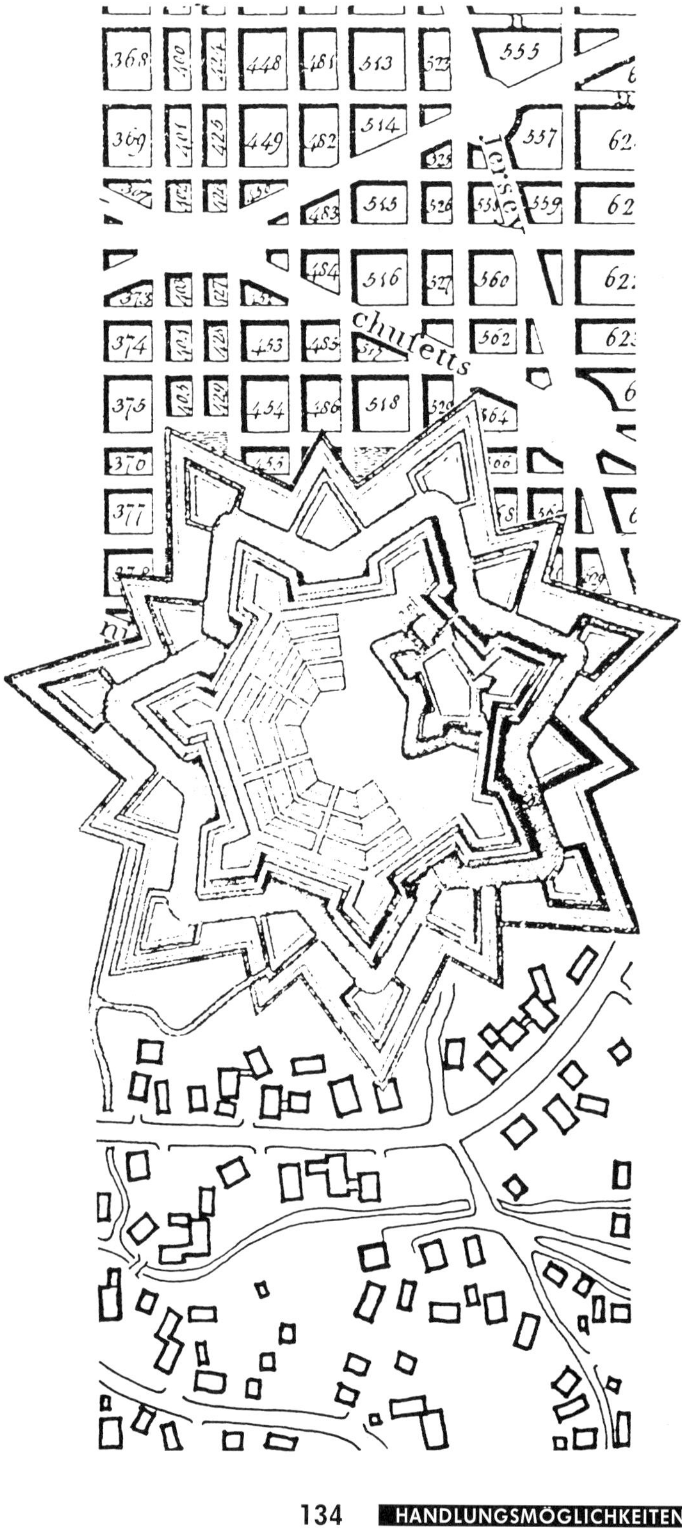
Jersey
chusetts

5 Grundlegende Handlungsmöglichkeiten beim Gestalten

Gestalten heißt Eingreifen, Verwandeln, Umformen. Gestalten heißt Zusammenziehen, Vereinheitlichen, vor allem heißt es Handeln.
Beim Handeln gibt es mehrere Möglichkeiten, um zum gleichen Ziel zu kommen. Trotzdem kann der Weg, der beschritten wurde, der Handlungs-Ablauf, das Produkt der gestalterischen Handlung beeinflussen.
Durch verschiedene Arten der Handlung, des Vorgehens oder Erdenkens, durch verschiedene Arten der geistigen oder materiellen Herstellung können ganz wesentliche Eigenschaften des Gestaltungsproduktes (wie z.B. sein Verhalten gegenüber Veränderungen) gefördert oder unterdrückt werden, auch wenn das Produkt zum Schluß gleich aussieht.

Die Kernfrage des Architekten:
Wie wurde es gemacht? Hergestellt, erdacht, gestaltet?
Diese Frage nach dem Herstellungsprozeß, nach dem tektonischen Aufbau aller Eindrücke führt zu einigen grundlegend verschiedenen Fügungsarten für alle Produkte gestaltenden Handelns.
Diese Frage nach dem konzeptionellen Aufbau aller perzeptionellen Erscheinungen begleitet den wirklichen Architekten ein Leben lang. Sie allein ermöglicht es ihm, aus seinen Erlebnissen und Begegnungen mit der unerschöpflichen Welt der Formen kontinuierlich zu lernen.
Die folgende Unterscheidung von vorwiegend

additiv,
divisiv oder
überlagernd

gefügten Gestaltungen ist somit gleichzeitig eine Einführung in eine tektonische Unterscheidungsmöglichkeit.
Sie zielt auf den wesentlichen Unterschied, auf die unterschiedliche Struktur, d.h. auf die unterschiedlichen Beziehungen zwischen den Teilen.
Die drei verschiedenen Fügungs-Arten bedeuten drei verschiedene Verhältnisse vom Teil zum Ganzen mit sehr unterschiedlichen Eigenschaften der so entstandenen Ganzheiten als Folge.
Die Fugen, Grenzbedingungen zwischen den Teilen, werden je Fügungsart betont, unterdrückt oder verwischt, was z.B. für all jene Eigenschaften von größter Bedeutung ist, die Wandlung und Veränderung betreffen.

Es ist nicht sinnvoll, diese Unterscheidung von additiv und divisiv und überlagernd auf Objekte anwenden zu wollen, sondern nur auf die Art, wie diese Objekte hergestellt wurden.
Ebenfalls nicht sinnvoll wäre es, pro Objekt nur eine Handlungsmöglichkeit finden zu wollen, denn oft lassen sich sogar alle drei entdecken.
Für die jeweils betrachtete Ganzheit, z.B. das Raum-System oder das Öffnungs-System eines Bauwerkes, kann jedoch meist eine dominierende Fügungs-Art gefunden werden.
Der Sinn dieser Betrachtungsweise ist, daß durch verallgemeinerte Beziehungen zwischen Fügungs-Art und dadurch bewirkter Eigenschaft, auf die vorwiegend zu erwartenden Eigenschaften der jeweils betrachteten Ganzheit (Gestalt), geschlossen werden kann. Es geht also vor allem darum, zu erkennen, was die Folgen für vorwiegend so oder so gefügte Gestaltungen sind.
Wem diese Zusammenhänge bekannt sind, der kann die jeweils wünschenswerten Eigenschaften durch Wahl der entsprechenden Fügungs-Art fördern.

5.1 ADDITIVES FÜGEN

Vorgehen: Vom Teil zur Ganzheit. Die jeweilige Ganzheit ergibt sich aus der jeweiligen Summe der Teile.
Die Kompromisse häufen sich an dem dem Anfang gegenüberliegenden Ende – den Anfang bilden in diesem Falle die Teile, das gegenüberliegende kompromißreiche Ende ist dann die Ganzheit.
Die Grenze, der Umfang, die Ganzheit ist offen für Veränderungen, ist nicht fixiert, aber dafür auch mehr oder weniger ‹gestaltslos›, amorph oder chaotisch, ohne leicht ablesbare Figurqualitäten.
Derartige Ganzheiten findet man in der Architektur (vor allem in der autochthonen) überall dort, wo ein extrem harter Existenzkampf die Anpassungsfähigkeit zur vorrangigen Eigenschaft werden ließ – im Rang weit vor bewußten Wirkungs- oder Gestaltungsabsichten.
So sind denn auch die Gestalt-Qualitäten vorwiegend additiv gestalteter Ganzheiten nur gering.
Auch in der Technik stehen Anpassungsfähigkeit, Kombi-

nierbarkeit, Auswechselbarkeit für verschiedene Teile oder Teilsysteme im Rang weit vor den Gestalt-Qualitäten. Daher läßt sich an den meisten Ganzheiten in der Technik ein Vorherrschen des additiven Fügens beobachten.
Die unabhängige Optimierung für Teile, Teil-Systeme, Teil-Aspekte, wie z. B. für Kosten, Fertigung, Transport, Montage, Wartung, lassen sich durch diese Handlungsmöglichkeit am stärksten fördern:
Immer weitere Optimierung von Teilen, immer weitere Spezialisierung und damit gekoppelt immer weitere Zergliederung, Aufsplitterung der noch bestehenden Ganzheiten in immer neue Teil-Systeme oder Einzelteile.
Mit der gleichen Geschwindigkeit, mit der die durch zunehmende Spezialisierung geförderte Optimierung zunimmt, nimmt die Funktionalität der Ganzheit ab. Durch unproportionale Verbesserung von einzelnen Teilen wird das Gleichgewicht zwischen allen Teilen oder Teil-Aspekten zerstört.
Auch im Bauen ist diese Tendenz stark spürbar. Architektur als eine Überlagerung von materiellen Anforderungen mit geistigen Werten, Zielen und Interpretationen wird durch diesen unaufhaltsamen Spezialisierungsprozeß in einzelne Bautypen-Produktionszweige zerlegt.
Auch ein Einzelbauwerk wird in immer mehr additiv nebeneinander gestellte, in sich optimierte Teil-Systeme (‹Funktionen›) geteilt – bis schließlich zu den Visionen von ‹Archigram› – und Nachfolge-Gruppen mit baulichen Environments, die aussehen wie exhibitionistisch herausgestellte ‹Eingeweide-Konglomerate› ohne die vereinheitlichende, zusammenfassende Hülle oder Gestalt der ‹Bauchdecke› in Form einer alles überdeckenden Fassade.
Gestalten heißt Zusammenziehen, Sammeln, Einwickeln oder Vereinheitlichen.
Eine gestaltete Umwelt verträgt somit die additive Handlungsmöglichkeit nur in gewissen Grenzen.
Wo aber wirkliche Offenheit gegenüber unvorhersehbaren zukünftigen Veränderungen angestrebt wird, muß das additive Fügen als die entsprechende Handlungsweise gewählt werden – und das wird in Zukunft immer häufiger der Fall sein.
Die Rationalisierung der Fertigungsprosse mit einer Entwicklung zur Großserie, zur großen Zahl repetitiver Elemente, wird diese Tendenz erheblich verstärken.
Ein charakteristisches Zeichen für diese additive Fügungsart ist die Betonung der Fuge. Die Fuge zwischen zwei Elementen geht durch. Sie wird in der Ganzheit nicht verwischt, überdeckt oder überlagert, sondern akzentuiert. Man kann einzelne Teile, z. B. Teil-Systeme eines Bauwerks, problemlos wieder wegnehmen, auswechseln oder hinzufügen. Die Fuge wird zu einer Art Verschiebungsfuge.
Durch diese lockere Bindung der Teile an die Ganzheit bleiben zwar die Teile leichter verschiebbar und dadurch die Ganzheit veränderbar, jedoch nur über den Preis, daß die Ganzheit nicht mehr ist als nur die Summe der Teile – also per Definition keine Gestalt.
Eine Entwicklung zu einem Vorherrschen der additiven Fügungs-Art durch fortschreitende Spezialisierung und Rationalisierung in der Produktion bewirkt somit schließlich einen fortschreitenden Auflösungs- anstatt Vereinheitlichungs- oder Gestaltungs-Prozeß.
Um dem dadurch drohenden Gestalt-Verlust zu begegnen, gibt es zwei äußerst traditionsreiche Varianten:
Die erste: ein Vorherrschen des Additiven innerhalb vorgegebener divisiv genutzter Spielfelder, fester Grenzen bzw. gestalteter Ordnungs-Rahmen, wie z. B. das additive Wachsen einer Renaissance-Stadt innerhalb ihres streng divisiv gestalteten Festungsgürtels.
Die zweite: die Grenze bleibt völlig offen für zukünftige Entwicklungen, jedoch die Teile bilden gleichartige, divisiv durchgestaltete Teil-Systeme, deren Anordnung dann in Form von Reaktionen auf die Kräfte der Umwelt erfolgt, wie z. B. die lineare Reihung von stattlichen Bürgerhäusern entlang der ausdehnungsmäßig ungeplanten Hauptstraßen eines Städtchens (s. S. 159).
Im ersten Fall entsteht die Ordnung durch die divisiv gestaltete Grenze, den Umriß der Ganzheit.
Im zweiten Fall durch Ähnlichkeit, durch hohe Gleichartigkeit der Teile.
In jedem Falle verursacht das divisive Moment die Ordnung, wogegen das additive die Freiheit bewirkt.
In dem für jede bauliche Gestalt anzustrebenden Gleichgewicht zwischen Bindung und Freiheit müssen also beide grundlegenden Handlungsmöglichkeiten,
das Addieren – bzw. das spontane Reagieren, wie
das Dividieren – das exakte, den Weg zum Ziel in einzelne Schritte aufteilende Planen,
in einem ausgewogenen Verhältnis stehen.

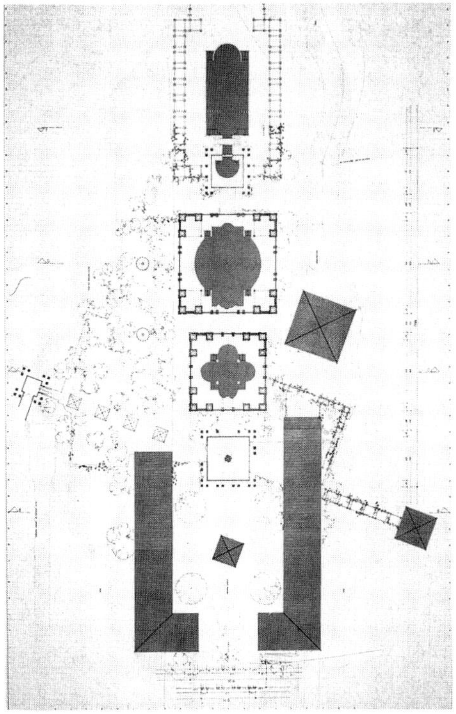

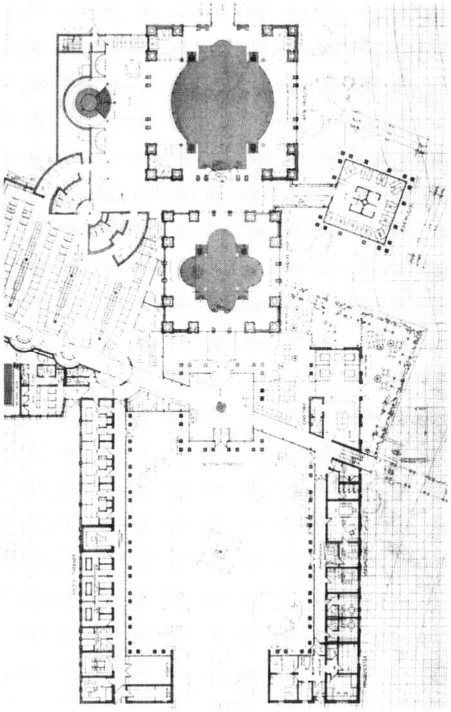

Additives
Aufreihen der Baukörper (links)

Überlagerndes
Einfügen der Querachse (rechts)

Divisives
Durchgestalten der Badepavillons (unten)

am Beispiel des Thermalbades Aalen (Architekt: Verfasser)

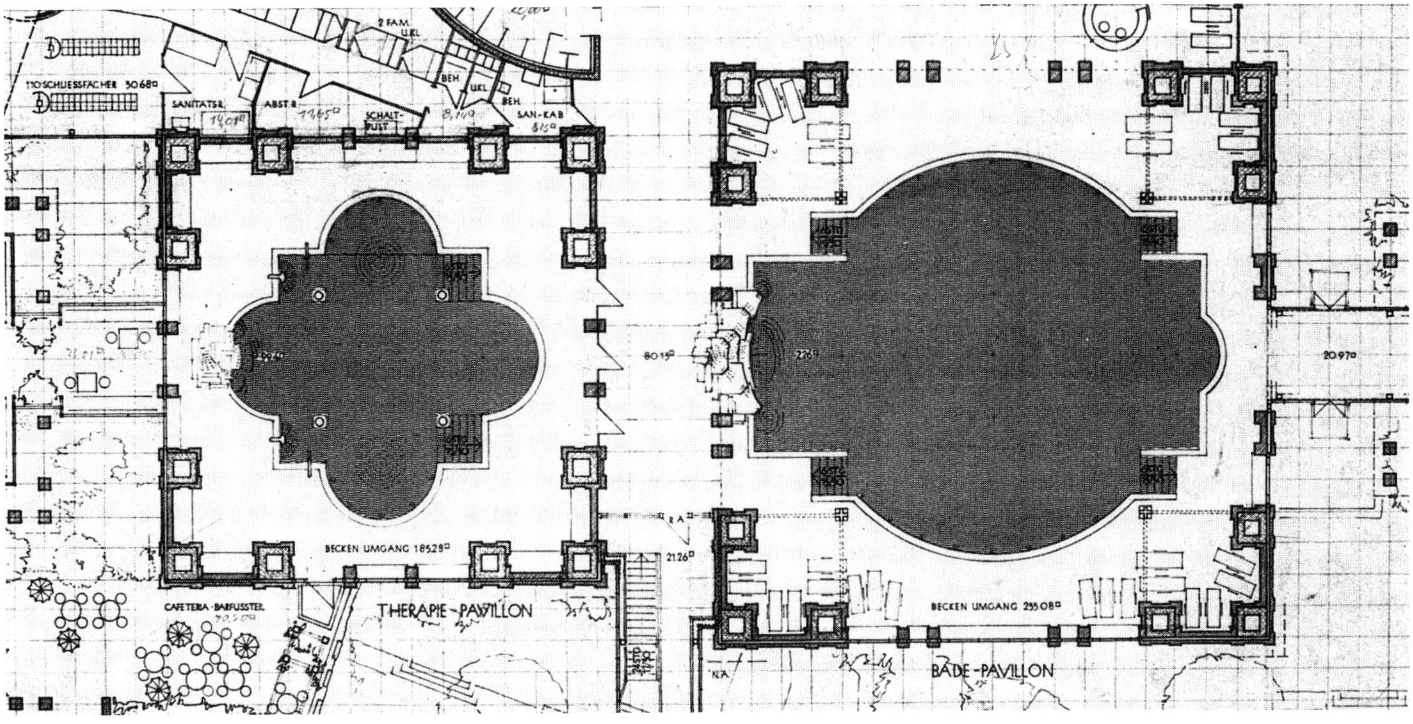

Addition
am Beispiel der Pueblos

Vorwiegend durch eine extrem niedrige, weiche Technologie dominiert die additive Fügungs-Art mit sehr hoher Wachstums- und Veränderungsfähigkeit als Folge.

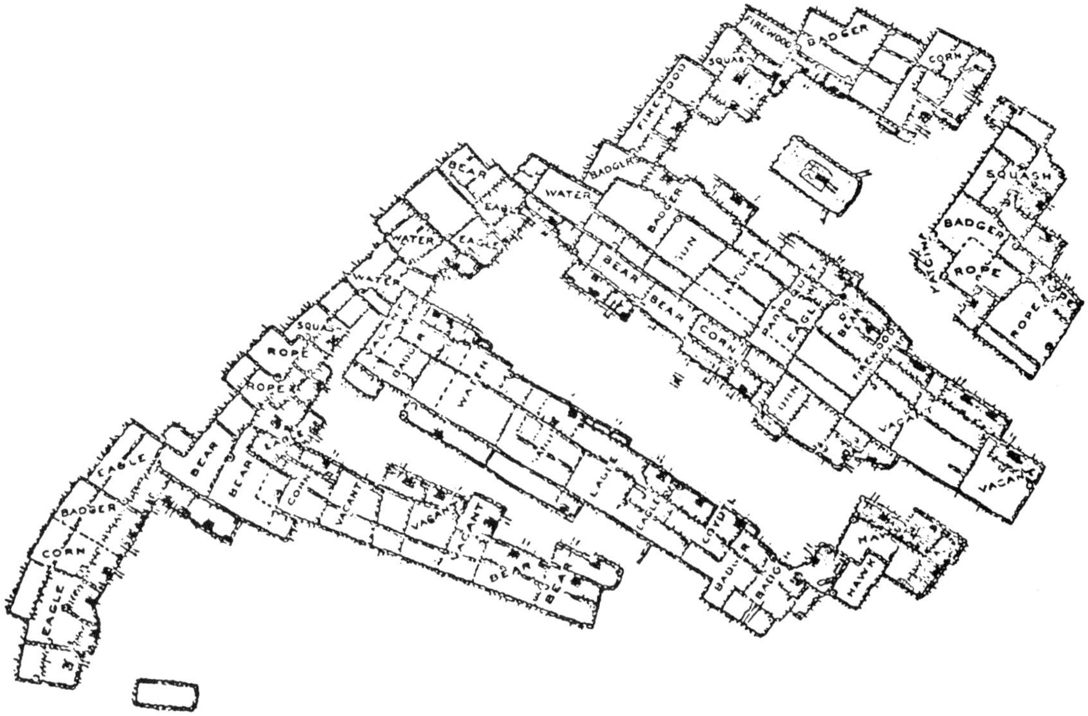

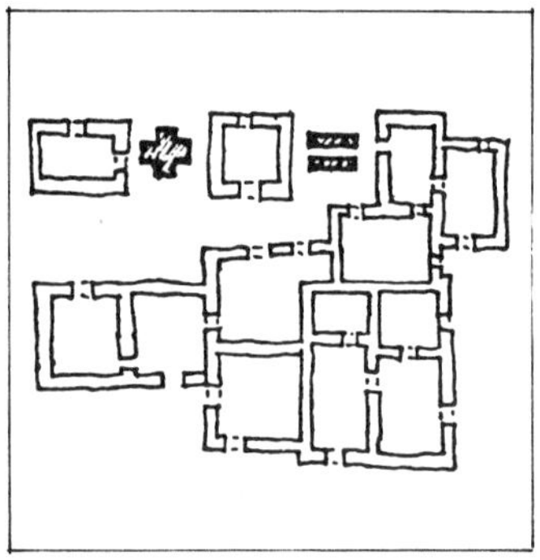

Es wird immer ein Raum nach dem anderen gebaut.

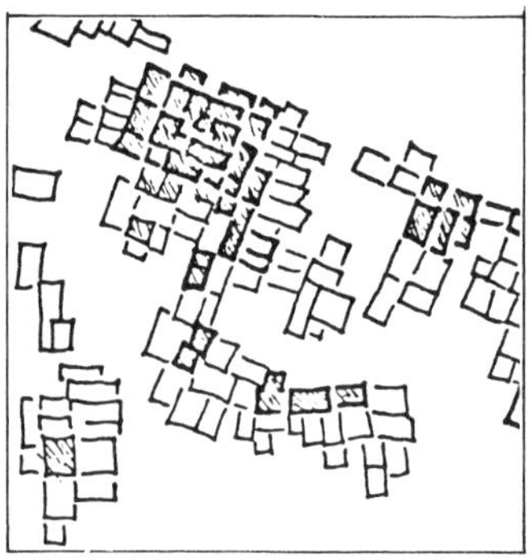

Konstruktiv unspezialisierte, nutzungsneutrale Räume gruppiert mit lockeren, offenen Umrissen.

Hierarchielose Gesellschafts- und Bauformen.

Additives Wachsen auch in der 3. Dimension auf dem neuen künstlichen Boden der Dächer.

Addition
am Beispiel von Evolène (Wallis)

als Beispiel für ein äußerst flexibles und anpassungsfähiges Bau-System

Addition von Balken zur Wand

Addition von Wänden zum Raum

Addition von Raum + Sockel + Dach zum Hausteil

Addition von ‹Strick›- und Stein-Hausteilen zum Haus

Addition von Zweiraum-Geschossen übereinander + Treppen und Galerien zu mehrgeschossigen Wohnhäusern

Addition von Wohnhaus + Grenier + Garage + Raccard zur Hofstatt

Addition von Hofstätten mit Häusern zur Brunnengruppe

Addition von Brunnengruppen zum Dorf

Addition von Dörfern zur Talschaft

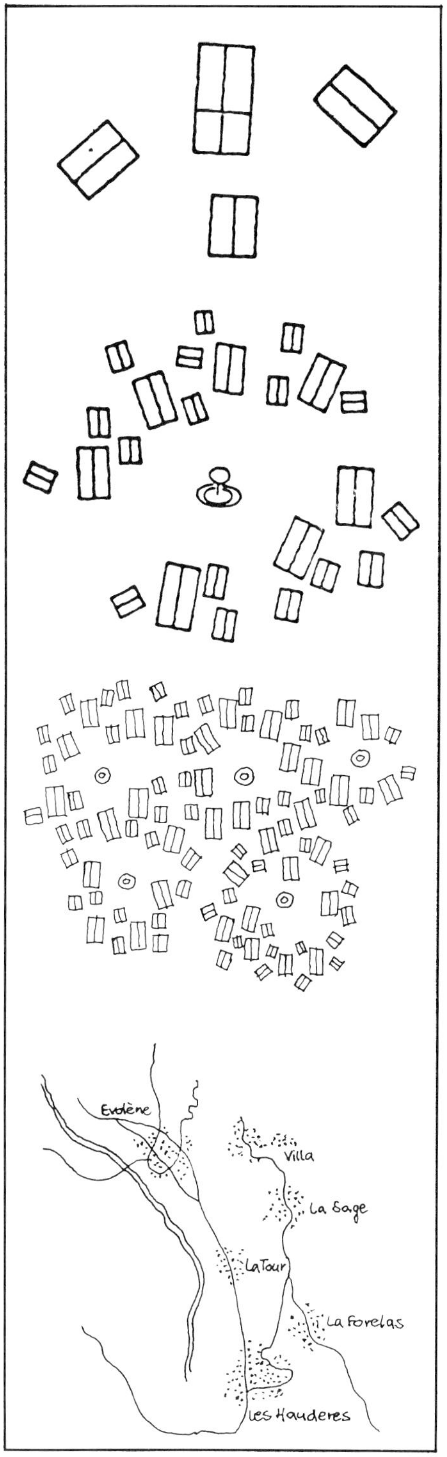

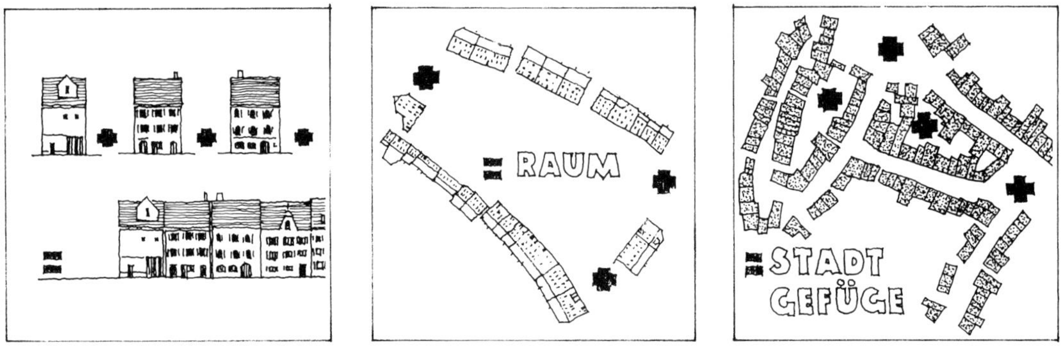

Additives Fügen auch in der Stadt:
Haus + Haus
= Hauszeile
Hauszeile + Hauszeile
= Straßen-Raum
Straßen-Raum + Straßen-Raum
= Quartier
Quartier + Quartier
= Stadt

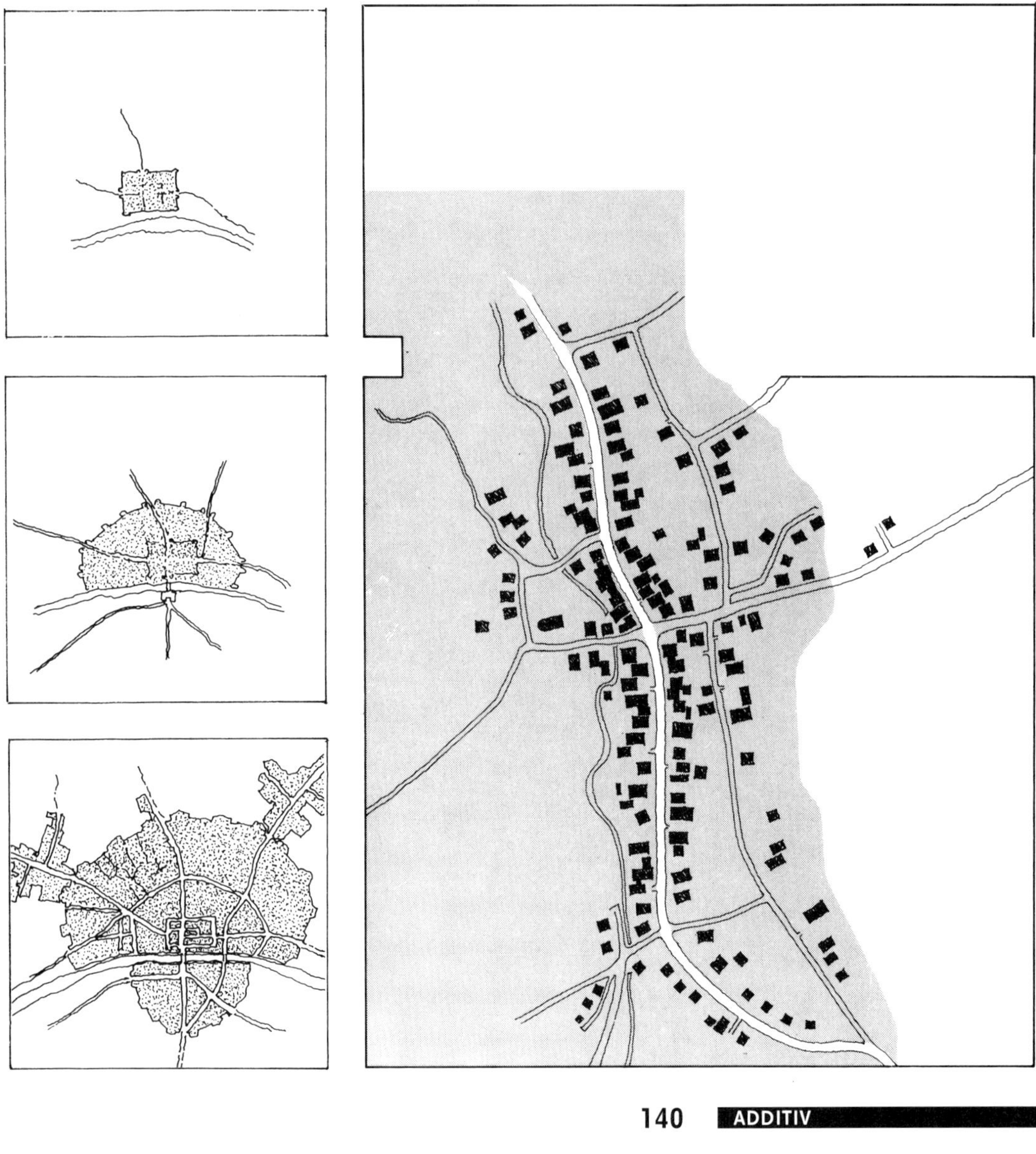

Additiv gewachsenes Dorf

Bauen mit additiv gefügten Elementen

z. B. durch Verwendung von Quadraten als Grundelement ist Addition in drei Dimensionen möglich.

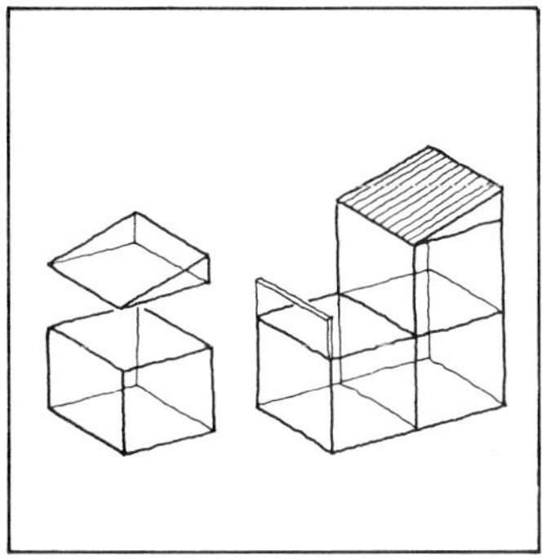

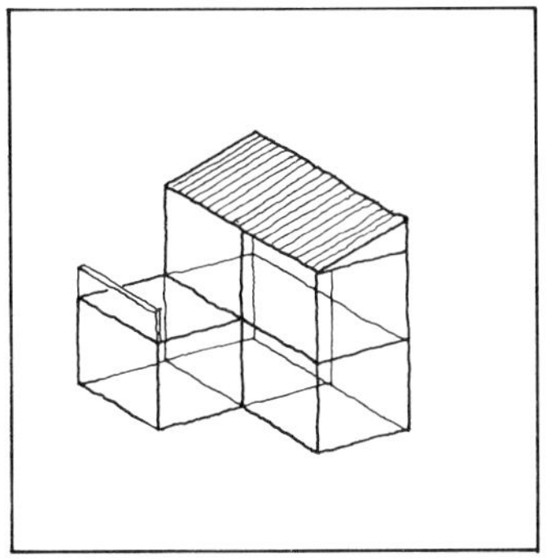

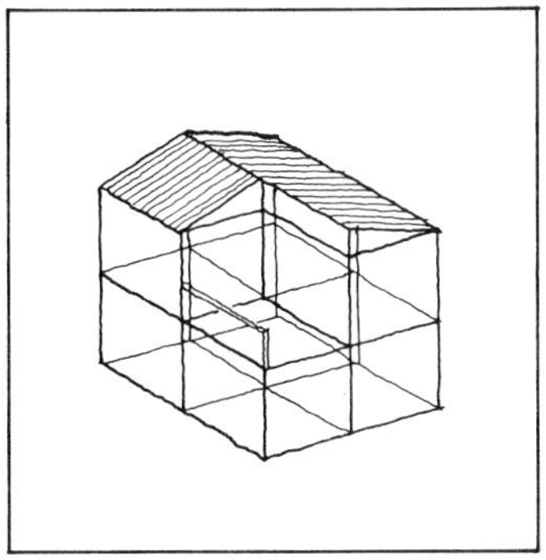

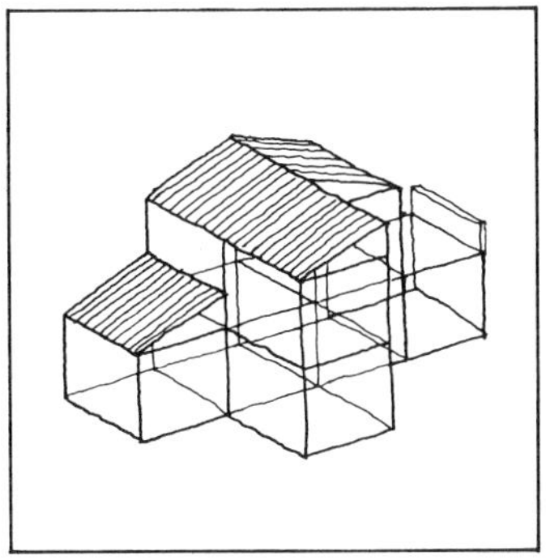

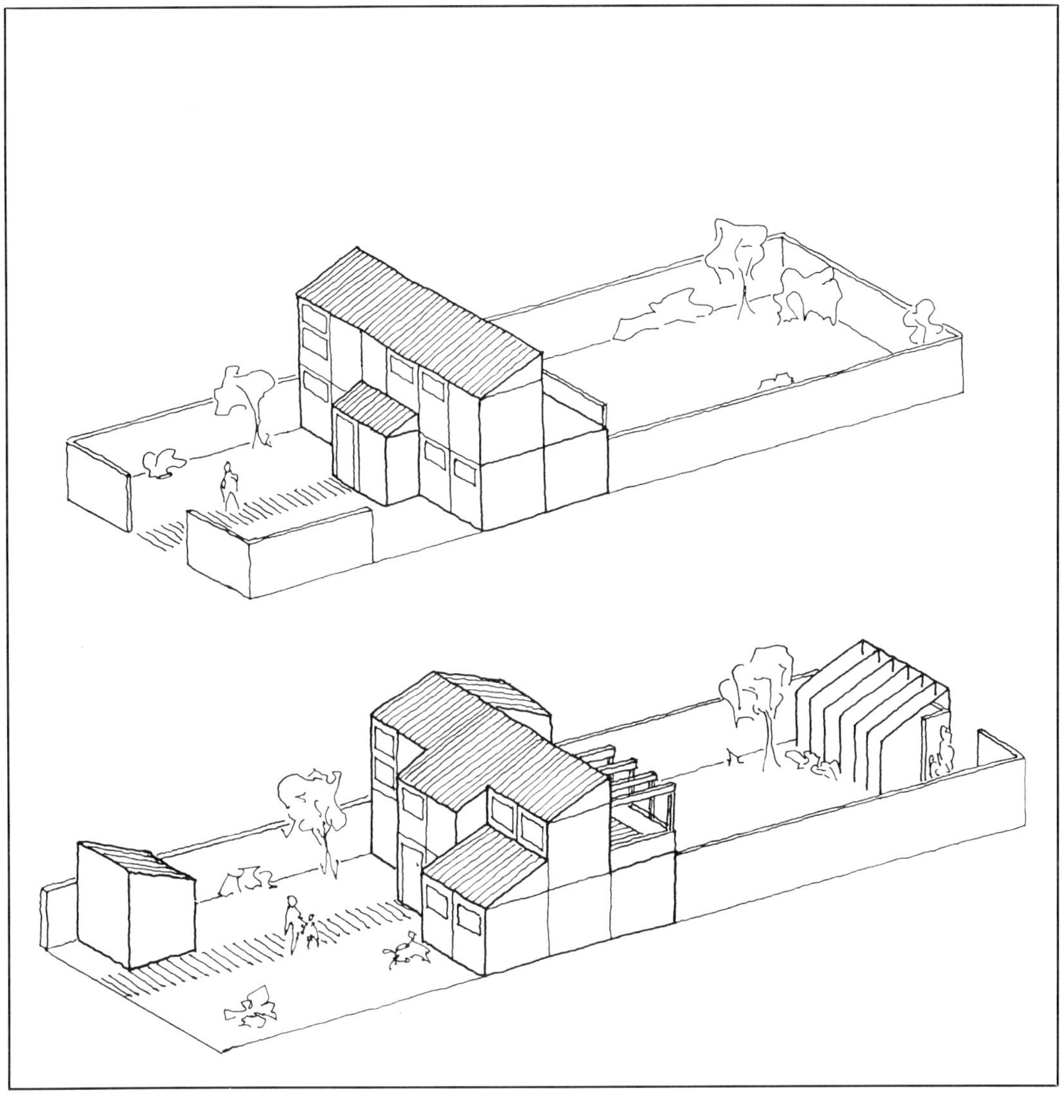

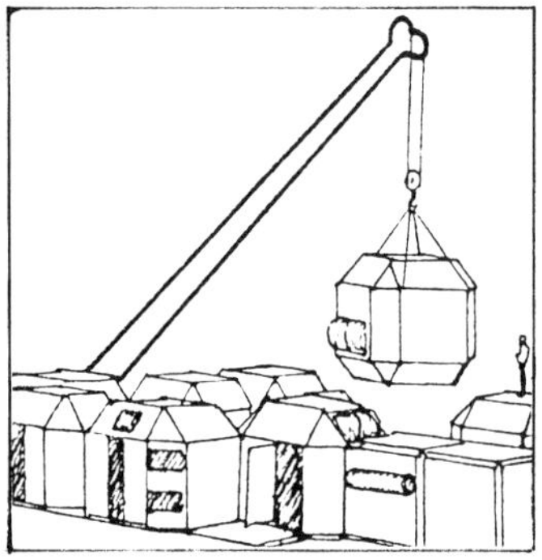

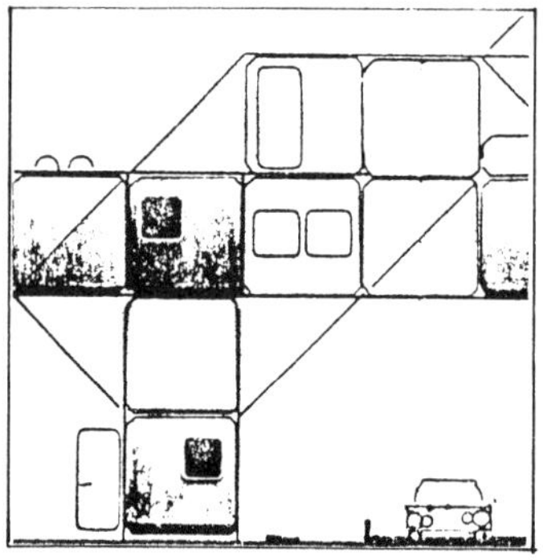

Kapsel-Container-Additionen

Für eine Optimierung der Fertigung werden immer größere Bauteile bis zu raumhaltigen Elementen unabhängig von Baustelle und Nachfrage produziert und je nach Zweck und Ort zu größeren Raumfolgen addiert.

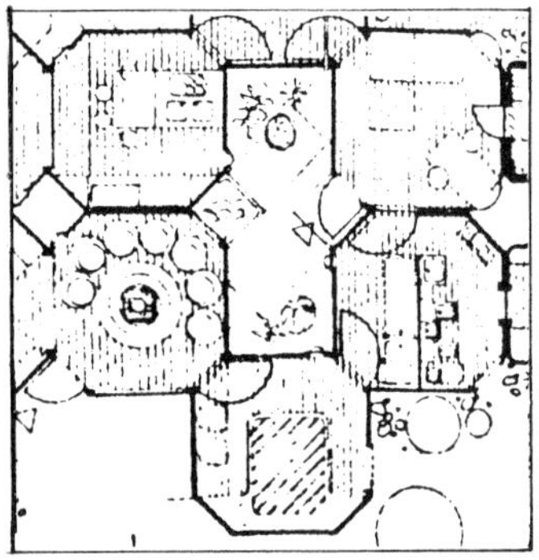

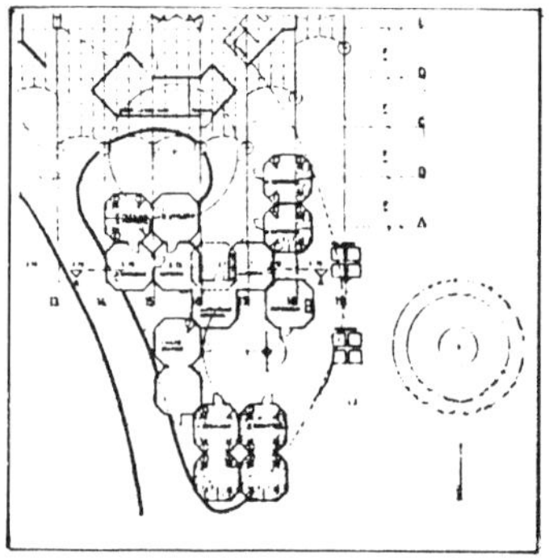

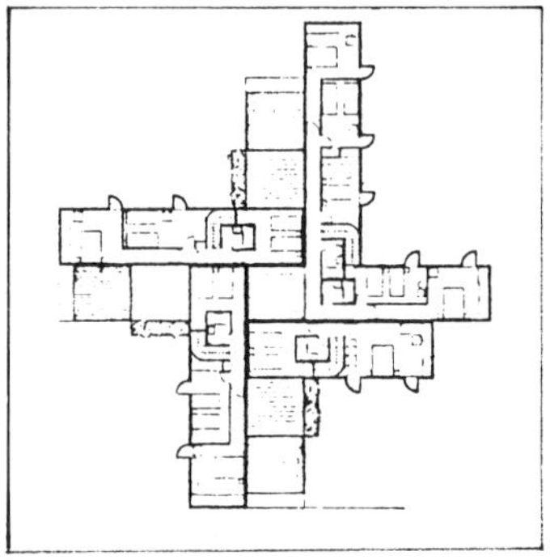

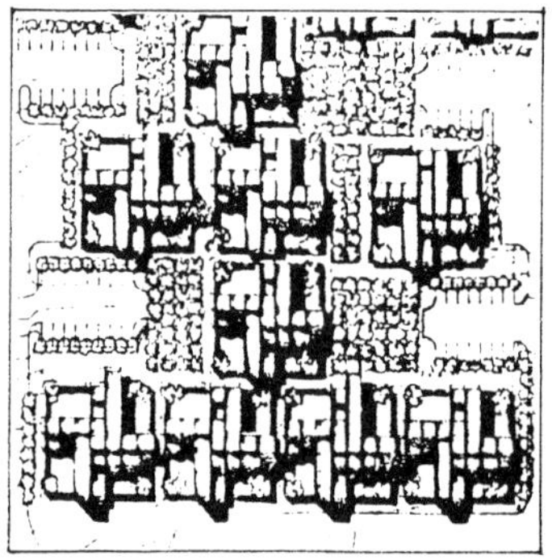

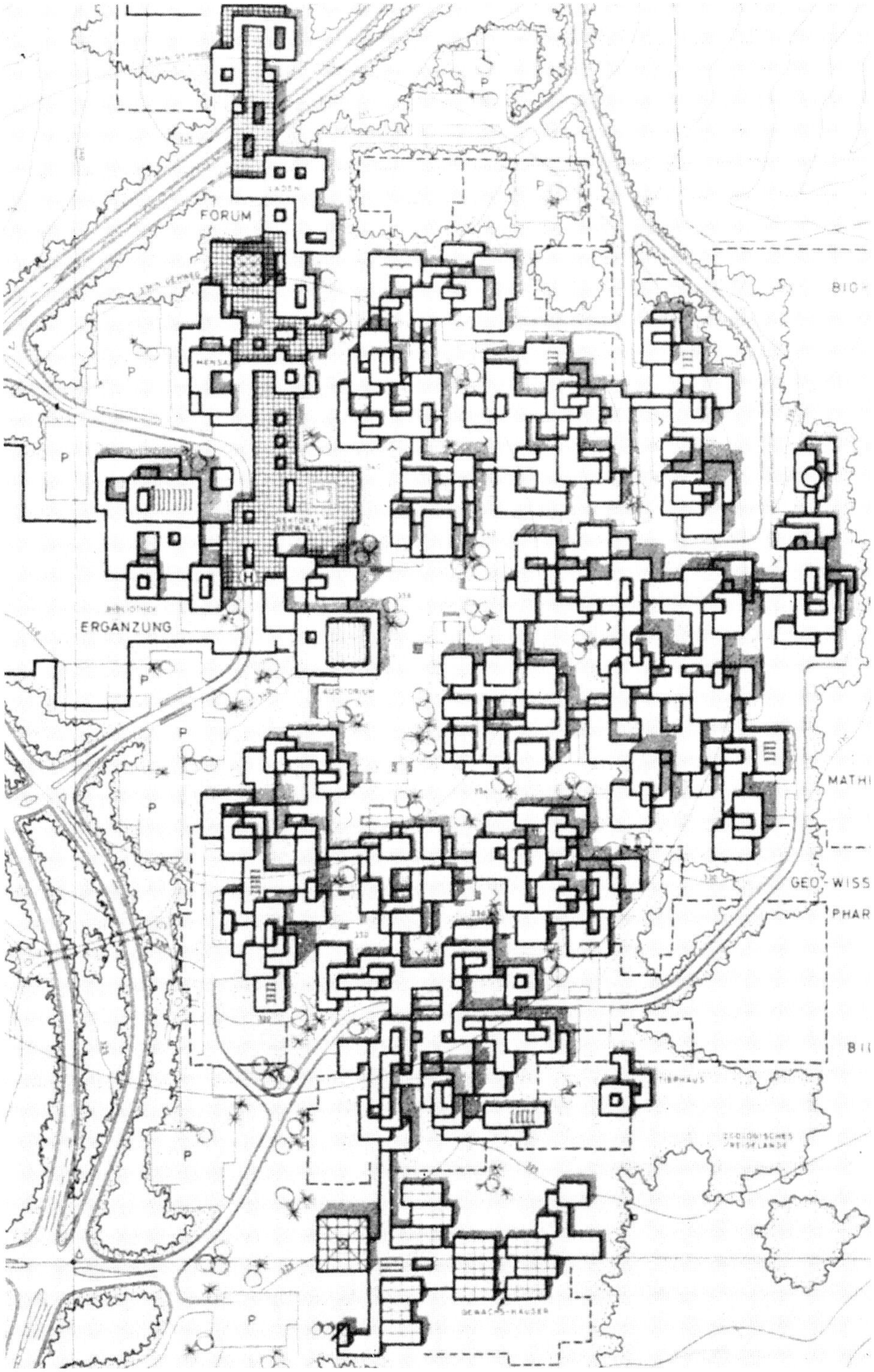

Additive, d. h. stark veränderbare und wachstumsfähige Planungsgrundlage Universität Marburg (Architekt H. Spieker u. a.)

Additives Fügen

Graphische Übungsbeispiele

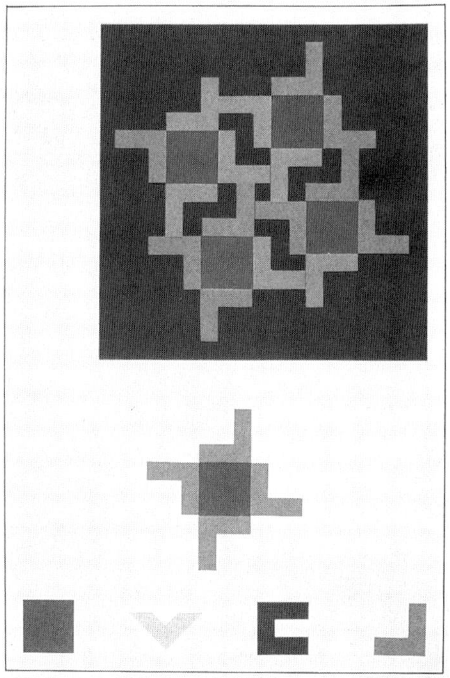

Durch Addition einfachster Grundelemente können sehr komplexe Gestalten entstehen. Man muß nicht auch noch komplizierte Einzelelemente entwickeln.

Auch diese Studentenübungen zeigen, daß aus einfachen Bausteinen interessante dreidimensionale Gestalten addiert werden können.

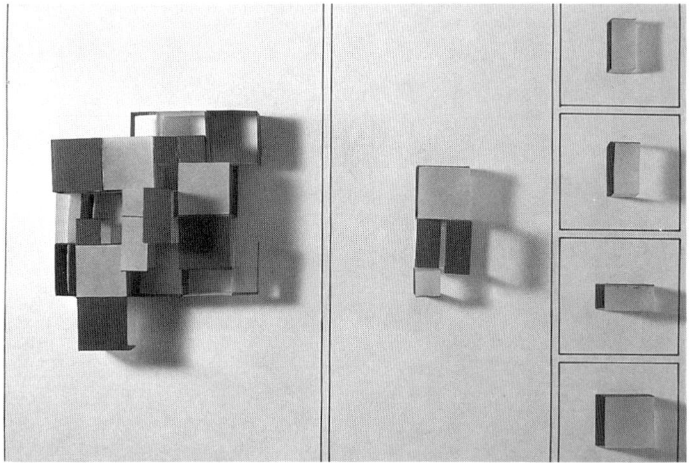

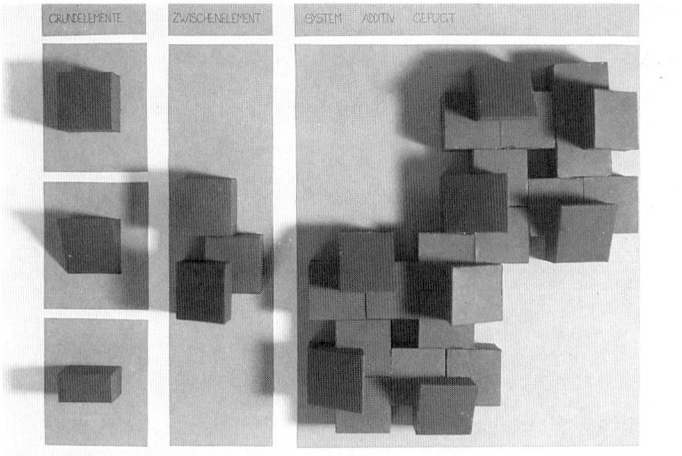

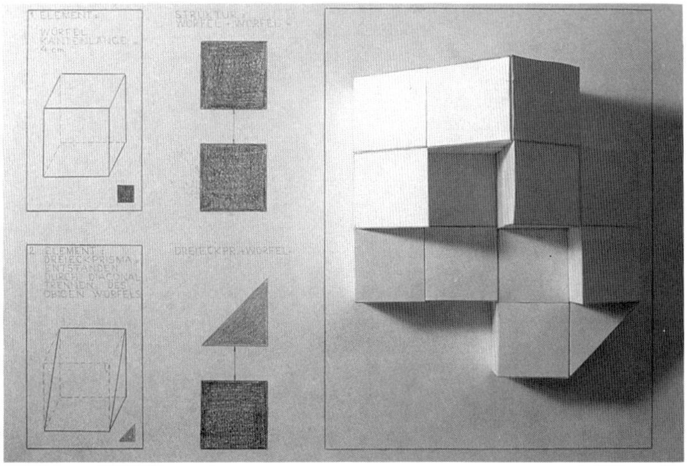

Im städtebaulichen Maßstab entstehen durch zwei- und dreidimensionale Additionen sehr ähnlicher Grundelemente Straßen- oder Quartiergestalten, die durch ihre Einheitlichkeit ein Ganzes bilden und durch die nach außen noch offene Grenze leicht weiterwachsen und sich verändern können.

Additives Fügen mittels ‹high technology›

Hier gibt es nur den Anschein von weiterem beliebigem Wachsen durch Addition weiterer Elemente. In Wirklichkeit kann hier nichts mehr addiert werden, da jeder Platz für jedes Element schon (divisiv) vorherbestimmt war.

Additives Fügen mittels ‹low technology›

Die Vorteile des additiven Fügens, Offenheit, Veränderbarkeit und Wachstumsfähigkeit werden durch die niedrige Bautechnologie nicht behindert, sondern gefördert (s. Die Lektion der Pueblos, in ‹Architektur der Vergänglichkeit›, Birkhäuser, 1984).

5.2 DIVISIVES FÜGEN

Vorgehen: Von der Ganzheit zum Teil. Die Teile ergeben sich aus der Ganzheit.
Die Grenze, der Umriß, der Umfang der Ganzheit bzw. das Ziel wird festgelegt, bevor die so abgegrenzte Ganzheit gegliedert, in Teile, Teil-Aspekte, Teil-Schritte zerlegt wird.
Überall dort, wo auf die Grenzbedingungen, die Abgrenzung und Erscheinung der Ganzheit nach außen, z. B. auf Aussehen, Figur- und Gestalt-Qualitäten, der größere Wert gelegt wird, beginnt der Gestaltungs-Prozeß mit der Durchformung von dieser Seite.
Man beginnt mit dem Ganzen; die Kompromisse häufen sich dann am gegenüberliegenden Ende, bei den Teilen oder Teil-Systemen, wie z. B. dem Nutzungs- und Raum-System, wenn mit dem Form- oder Konstruktions-System begonnen wurde.
Mit dieser Handlungsmöglichkeit können zwar Erscheinung, Aussehen, Gestalt-Qualitäten der Ganzheiten optimiert werden, jedoch nur auf Kosten geringerer Wachstums- und Veränderungsfähigkeit.
Das Teil wird von der Ganzheit bedingt. Durch diese festere Bindung der Teile an das Ganze können nicht beliebig Teile weggnommen oder hinzugefügt werden, ohne die Ganzheit entscheidend zu schwächen oder qualitativ zu verändern.
Höhere Gestalt-Qualität also, erkauft durch geringere Veränderungsfähigkeit.
Wenn beim Bauen oder Planen diese Reihenfolge der Werte dominiert, wie z. B. in der jahrtausendealten Tradition der Architektur, dann dominiert auch das divisive Fügen beim Denken und Erstellen der gebauten Gestaltungen.
Ein Vorherrschen des divisiven Fügens charakterisiert somit alle Planung.
Das Planen von wirklich veränderungsfähigen Environments ist somit strenggenommen ein Paradoxon.
Entweder man plant und versucht, damit auch die Zukunft in den Griff zu bekommen, sie zu fixieren, oder man bleibt offen für die wirklich unvorhersehbaren Veränderungen, die nicht einplanbar sind, denen nicht mit Vorausplanen, sondern nur mit ‹Re-agieren› begegnet werden kann.
Zuwenig (Gott-)Vertrauen, wie in unseren hochzivilisierten Gesellschaften, führt zu einer Überbetonung der divisiven Planung mit einer allmählichen Überführung aller schöpferischen Lebensprozesse in aus dem Bestand abgeleitete erstarrte Bahnen.
Zuviel spontanes Reagieren dagegen (wie z. B. in den ersten improvisationsreichen Nachkriegsjahren) führt zu einer Vernachlässigung der gestaltfördernden Kontinuität und mündet mit seinen gegenläufigen Ad-hoc-Aktionen in ein additiv entstehendes Chaos.
Erst ein angemessenes Verhältnis zwischen diesen grundlegenden Handlungsmöglichkeiten ermöglicht Gestaltungen mit einem ausgewogenen Verhältnis von Ordnungen, die aus der Differenz zwischen Bestand und Ziel abgeleitet sind, und frei hinzugefügten neuen Werten oder Formen.

Teilung eines Quadrates nach verschiedenen Teilungsregeln

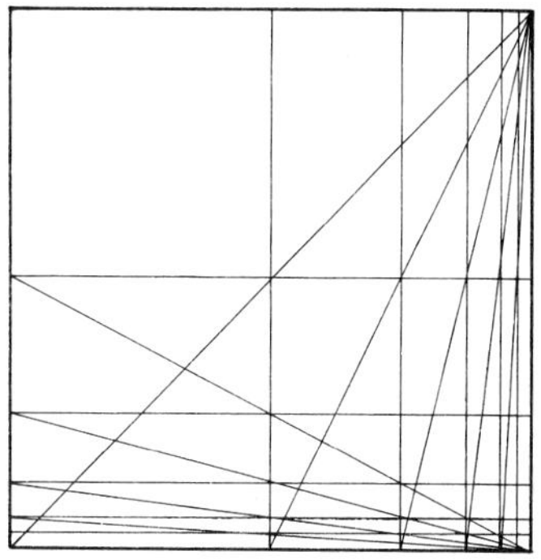

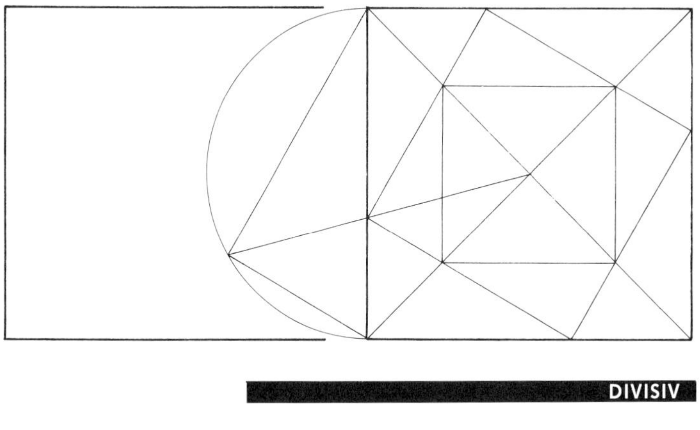

Palladio
Palazzo Antonini
Udine 1556

Divisives Fügen
im Grundriß und in der Fassade

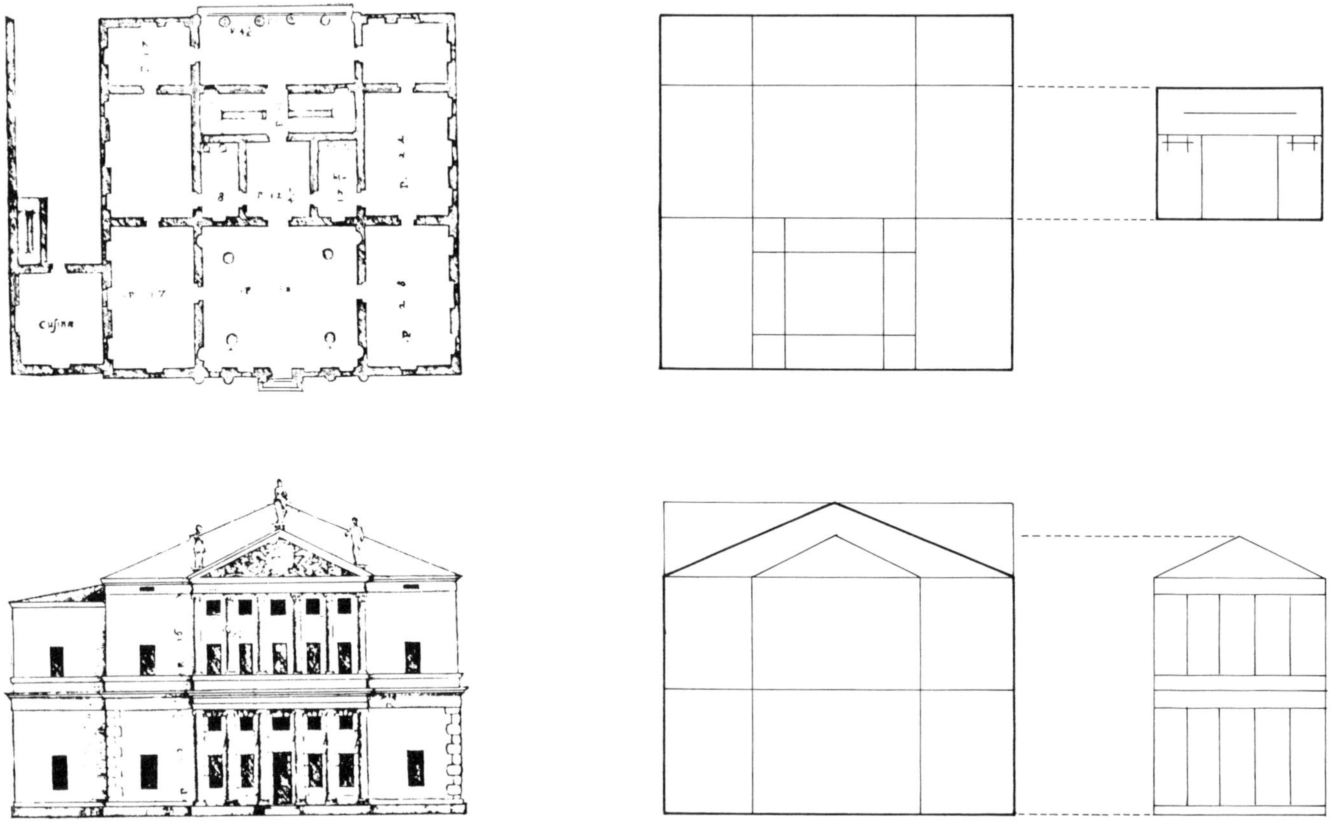

Fachwerk
als typisches Beispiel für divisives Handeln.
Das Teil (Detail) wird von der Ganzheit bedingt.

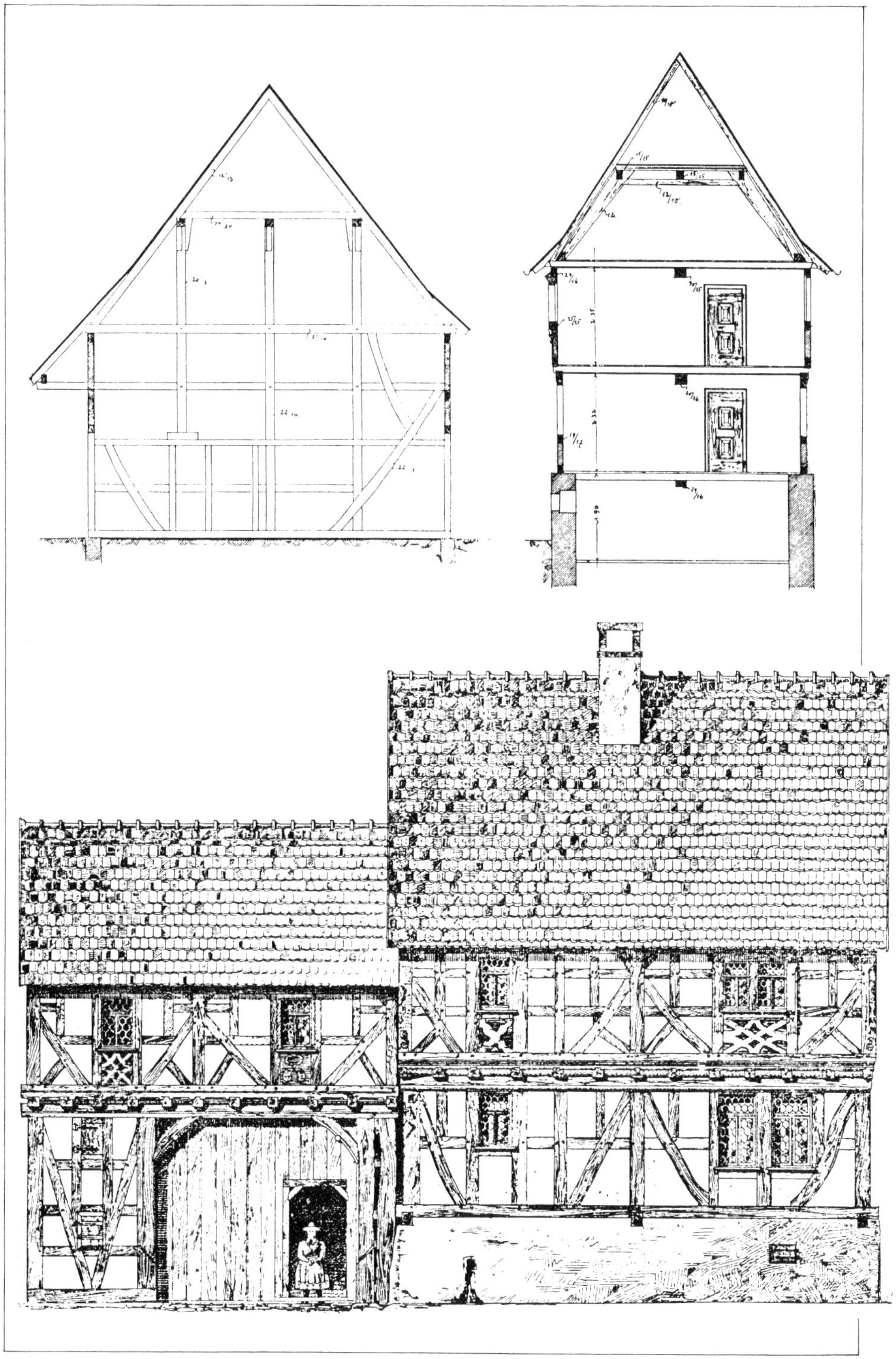

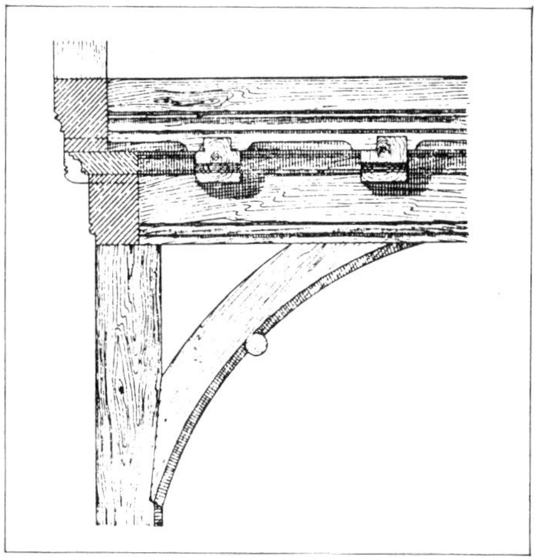

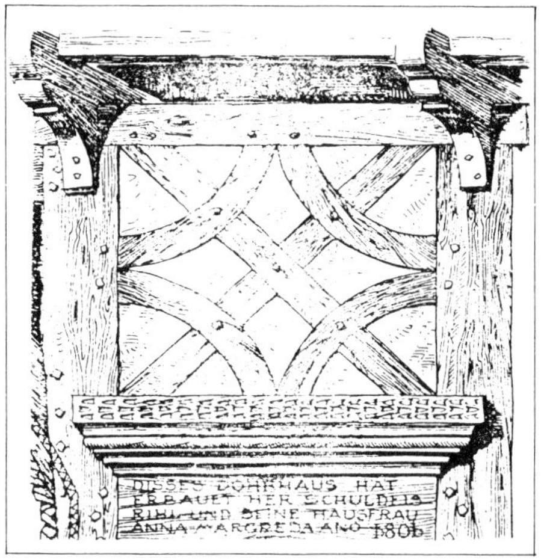

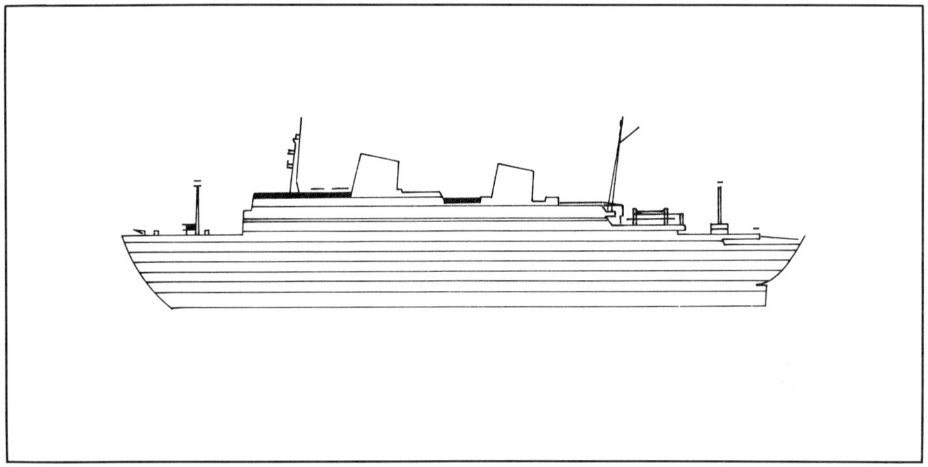

Schiffsbau

Von der Ganzheit des Schiffsrumpfes ausgehend wird das Gesamtvolumen in Geschoßebenen aufgeteilt.

Auch im Grundriß wieder vom Umfang ausgehende Aufteilungen bis zu den kleinsten Raum-Elementen und den eingepaßten Möbeln.

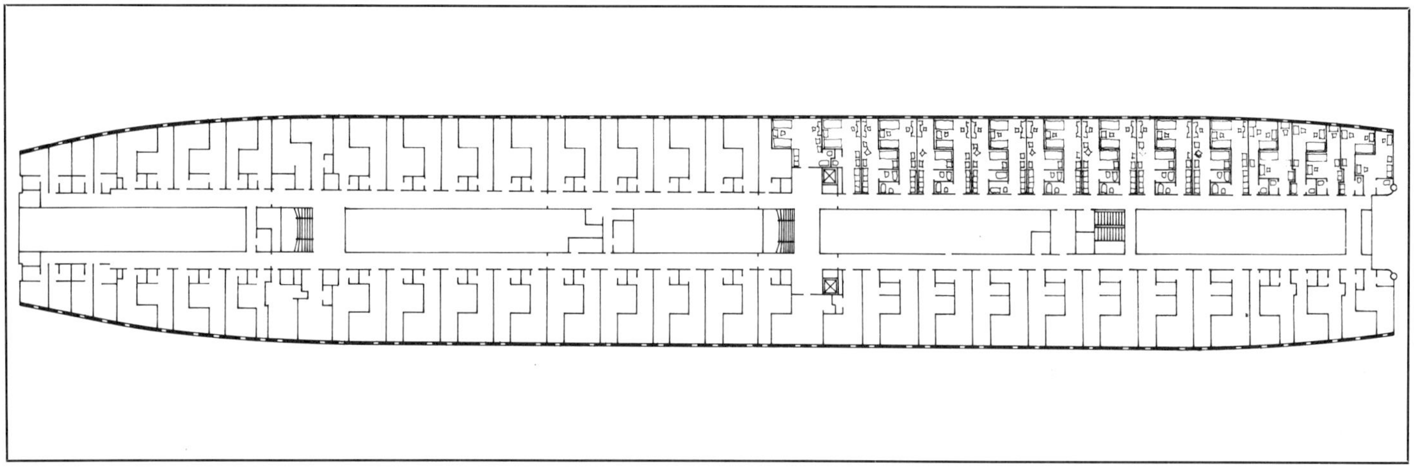

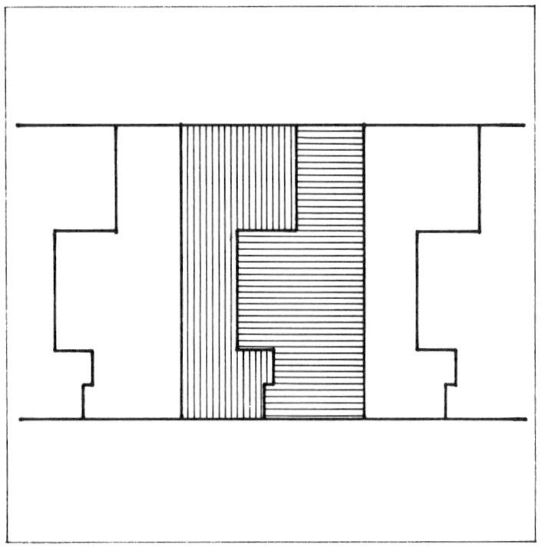

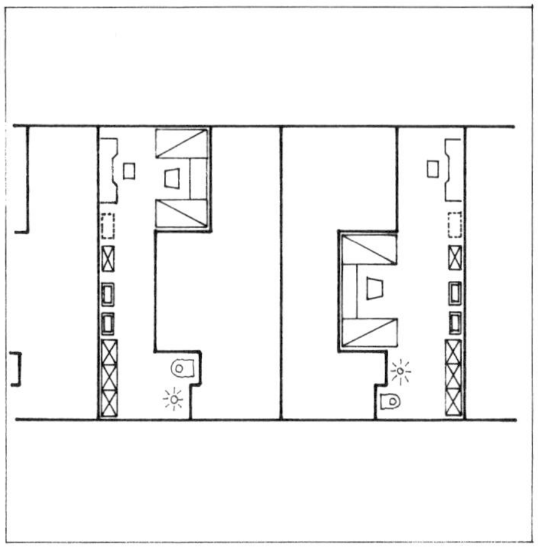

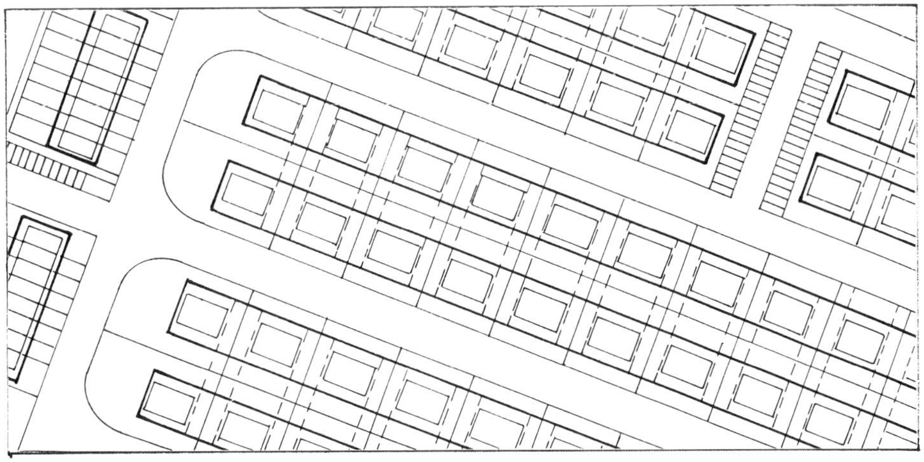

Planung
ist per Definition ein divisives Vorgehen. Die Ganzheit, das Ziel oder der Weg zum Ziel, wird aufgeteilt in einzelne Teile oder Teilschritte, z. B. das ganze Stadtgebiet mit Hilfe eines Flächen-Nutzungsplanes.

Bestimmte Nutzungsgebiete werden mit Hilfe von Bebauungsplänen aufgeteilt in Straßen, Wege, Abstandszonen und bebaubare Flächen.

Die bebaubaren Flächen werden mittels Baueingabeplan meist restlos für das beabsichtigte Bauobjekt aufgeteilt.

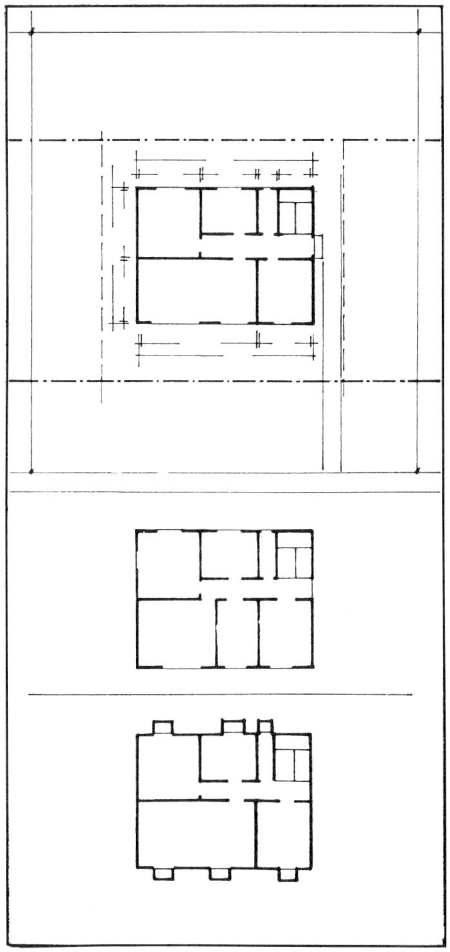

Beispiele divisiv-gefügter Stadt- und Festungsanlagen

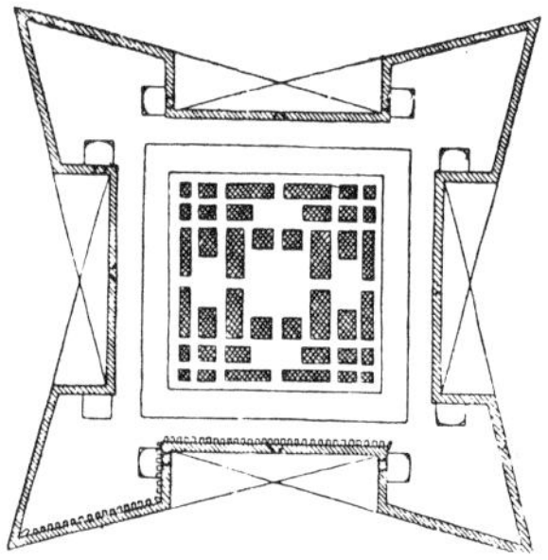

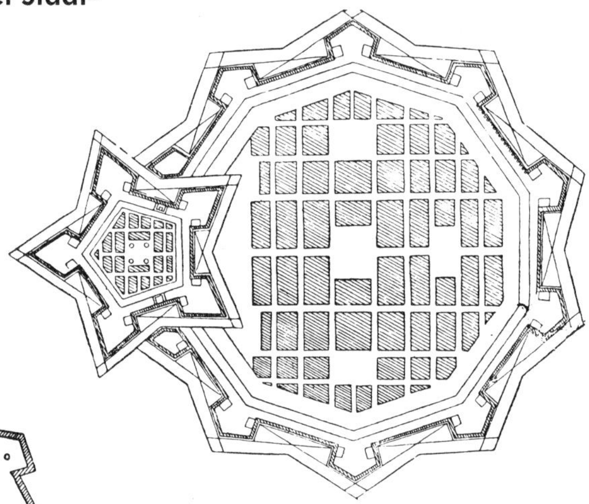

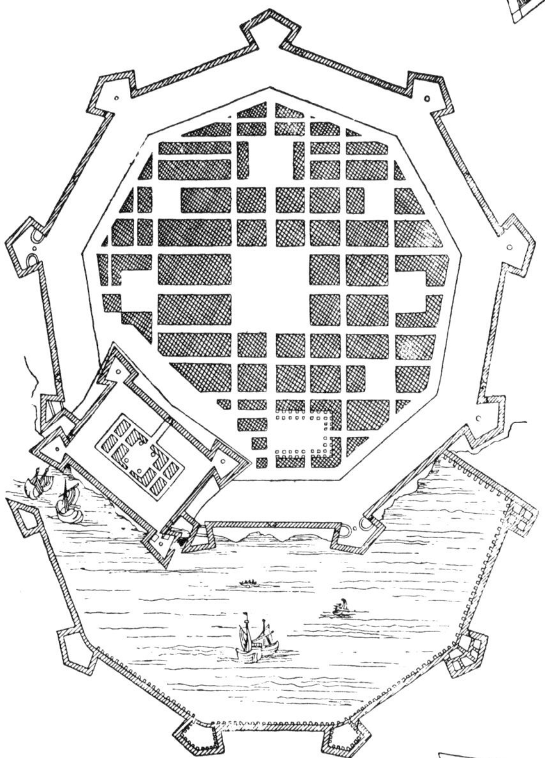

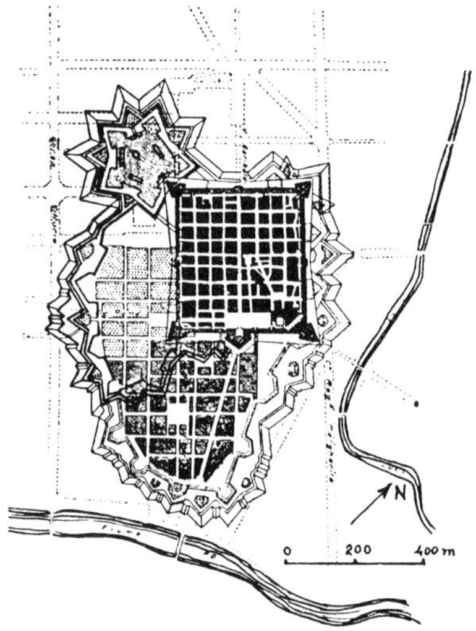

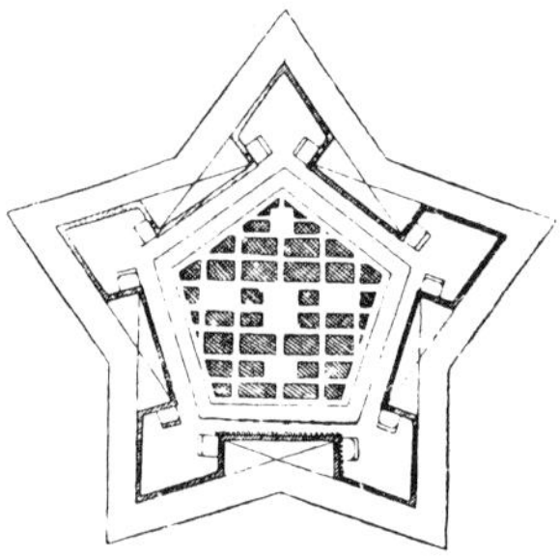

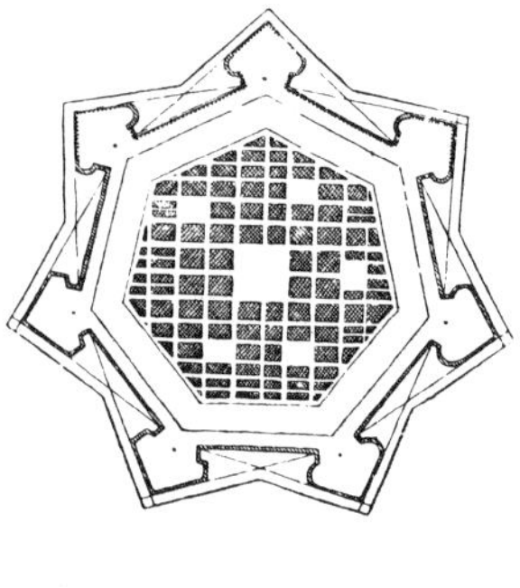

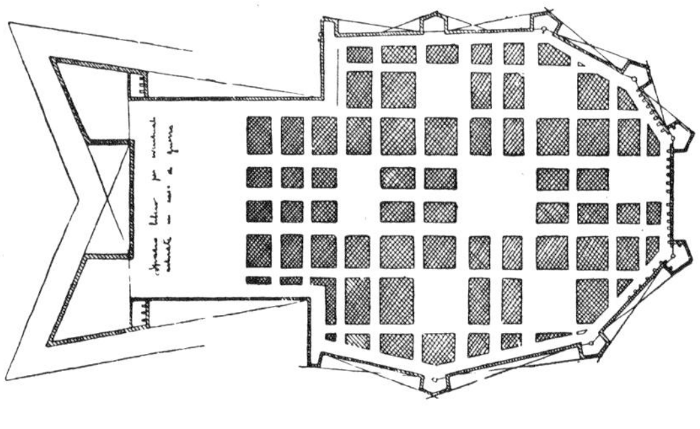

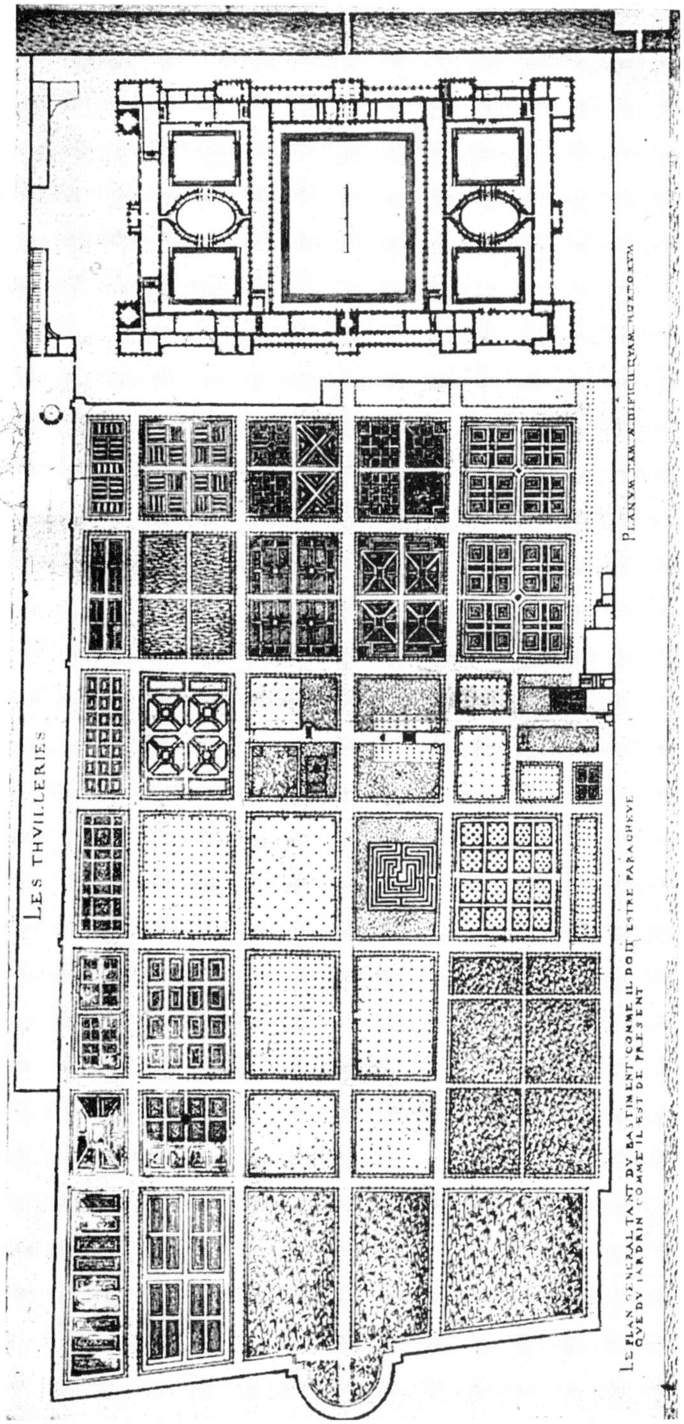

Paris
Jardins des Tuileries

Additives Fügen divisiver Elemente

Bazarstraße in Isfahan (links)
Studentenheim von Louis Kahn (oben)
St. Maria Delle Grazie, Mailand (unten)

Divisiv gestaltete Elemente in additiven Anordnungen ermöglichen ein Höchstmaß an Brauchbarkeit und Gestalt-Qualität.
Die Brauchbarkeit ergibt sich durch die Möglichkeit, weitere Elemente hinzuzufügen, einzelne Elemente auszuwechseln, umzubauen, zu renovieren, ohne daß die Gesamtanlage gestalterische oder funktionelle Nachteile erleidet.

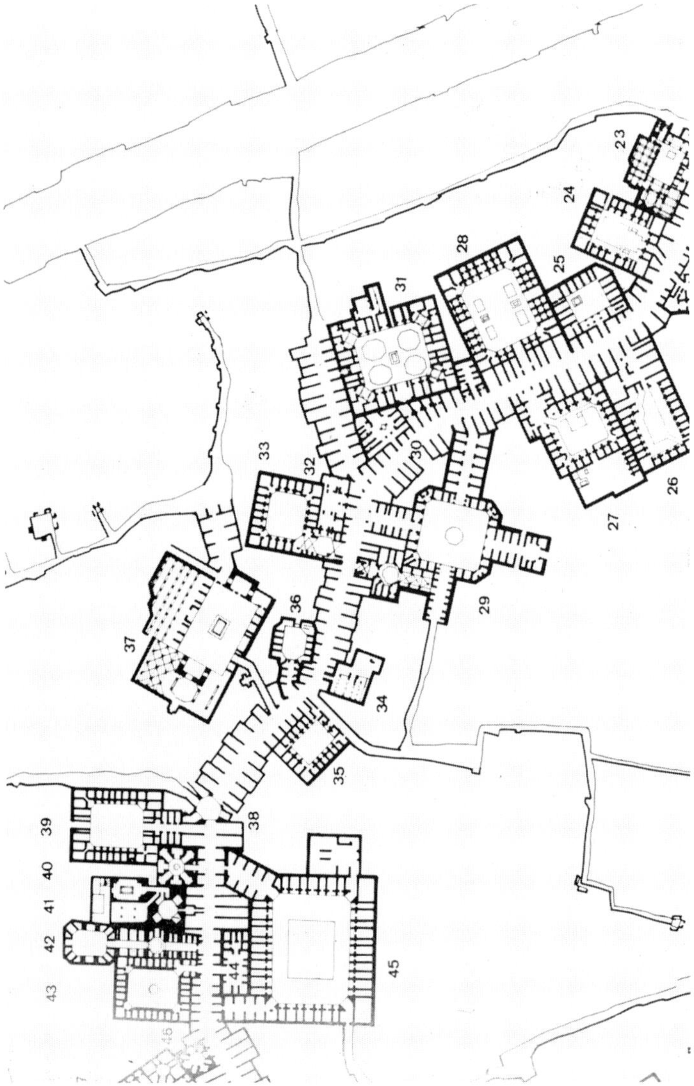

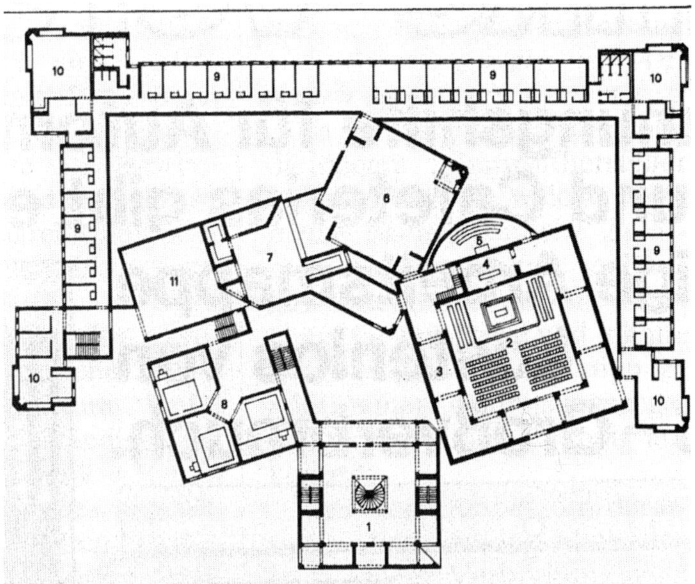

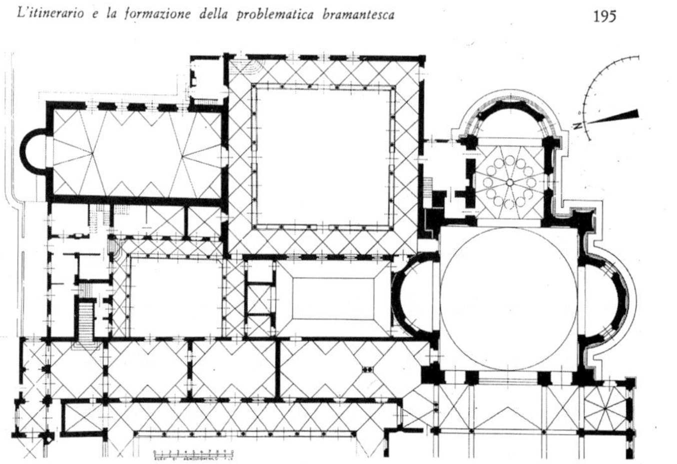

Die gestalterischen Vorteile
liegen im Gleichgewicht zwischen Bindung und Freiheit, nämlich: Höchstmögliche Ordnung der Elemente in sich im Kontrast zur freien Anordnung der Teile untereinander.

Additives Fügen divisiver Elemente
Forum Romanum Hadriansvilla, Tivoli

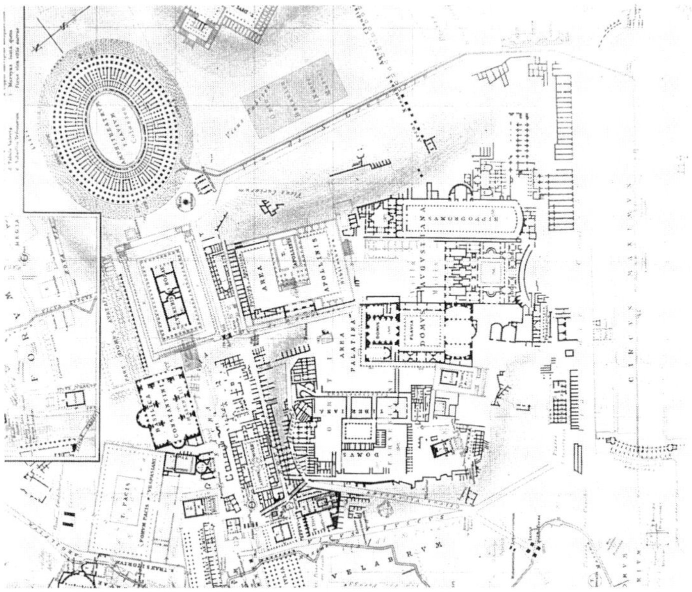

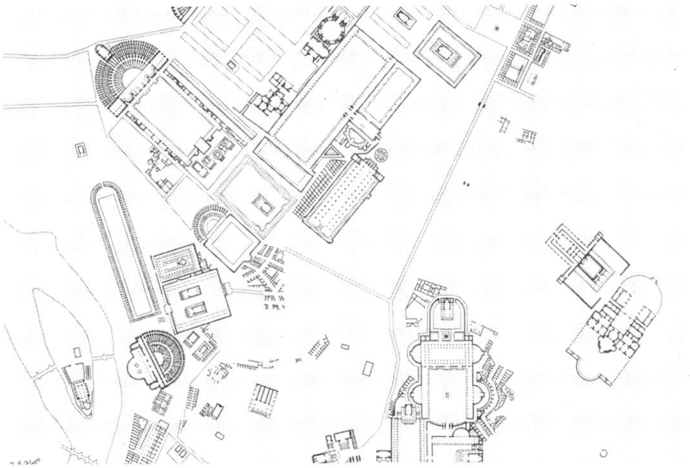

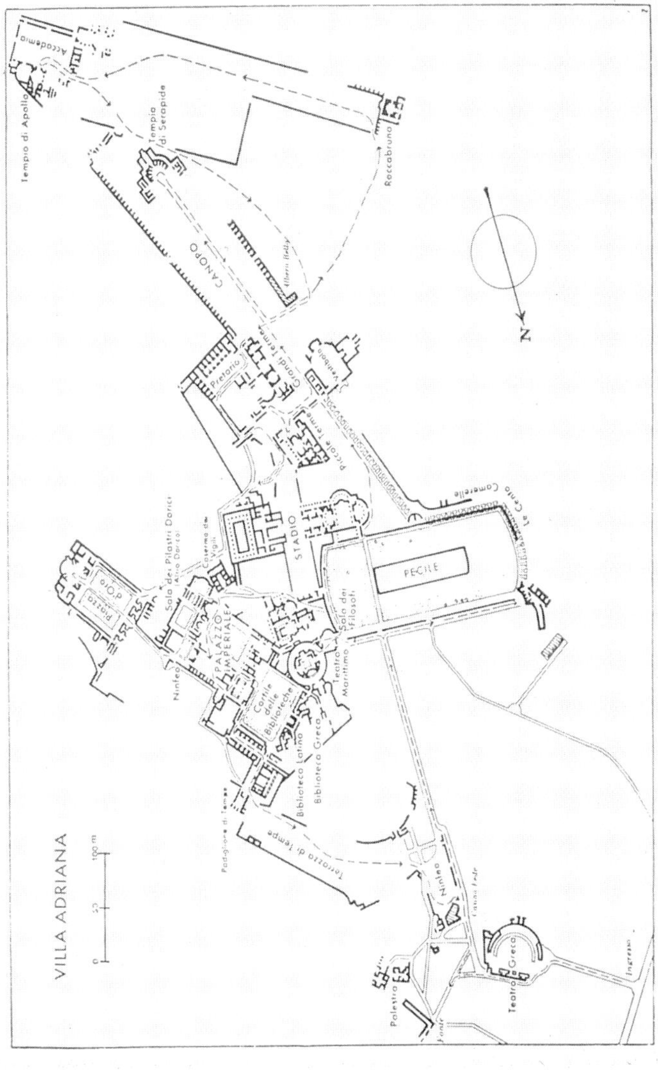

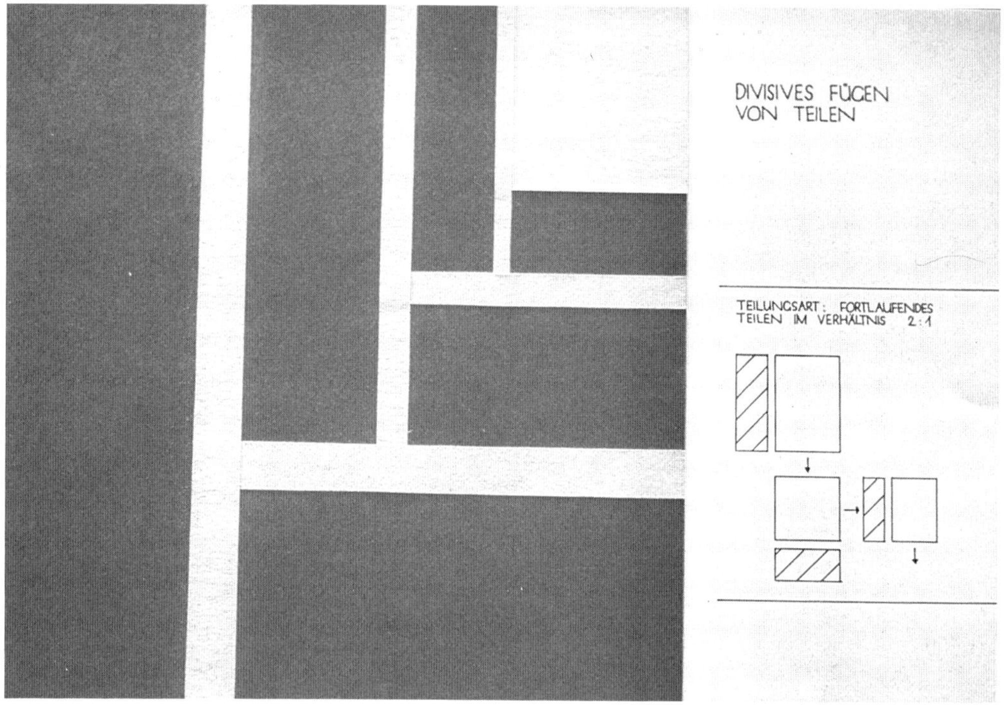
DIVISIVES FÜGEN
VON TEILEN
TEILUNGSART: FORTLAUFENDES
TEILEN IM VERHÄLTNIS 2:1

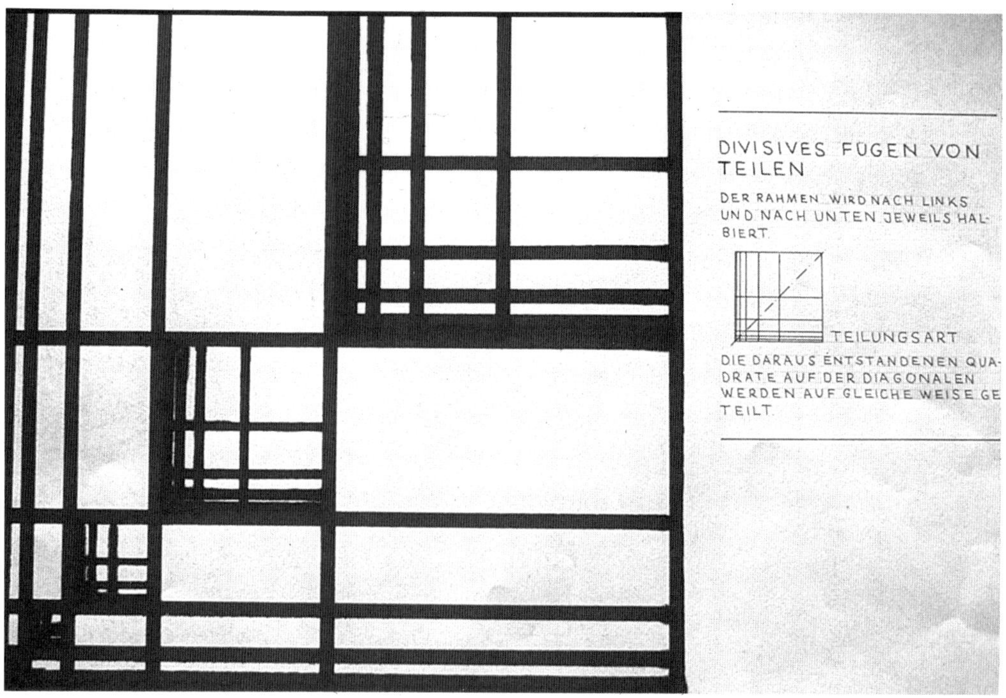
DIVISIVES FÜGEN VON
TEILEN
DER RAHMEN WIRD NACH LINKS
UND NACH UNTEN JEWEILS HAL-
BIERT.
TEILUNGSART
DIE DARAUS ENTSTANDENEN QUA-
DRATE AUF DER DIAGONALEN
WERDEN AUF GLEICHE WEISE GE
TEILT.

Divisives Fügen

Graphische Übungsbeispiele

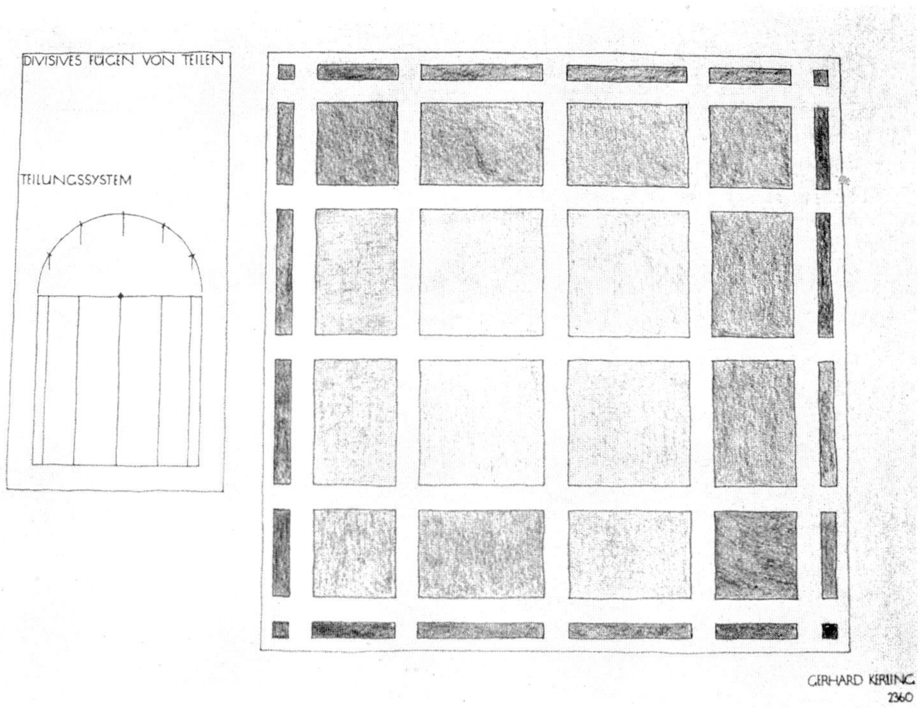

Rein divisiv gestaltete Fassaden befriedigen auf den ersten Blick durch ihre hohe innere Ordnung, jedoch verlieren sie wegen der schnellen Durchschaubarkeit rasch an Interesse. Spannungsvoller sind ausgewogene Kompositionen mit Teilsymmetrien (unten).

Barocke Schloßgärten zeigen die Vor- und Nachteile divisiver Gestaltungen:
Ein Maximum an Ordnung und Gestalt-Qualität, minimale Wachstumsmöglichkeit und Veränderbarkeit.
(Herrenchiemsee und Belvedère)

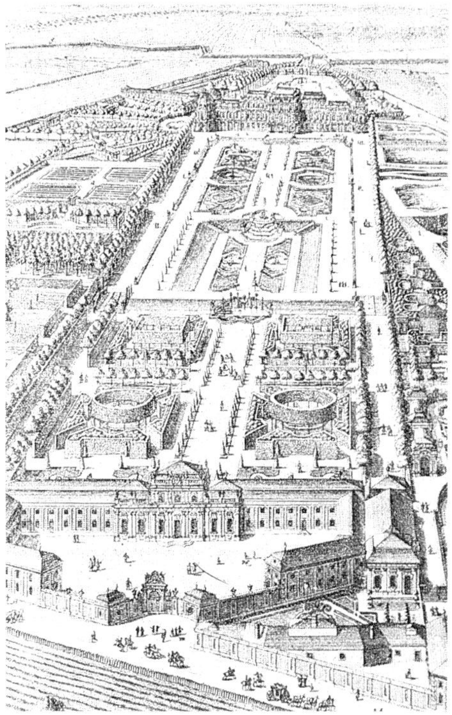

Auch bei Fassadenelementen entsteht ein Reiz erst, wenn die starre divisive Ordnung durch leichte Unterschiede gelockert und spannungsvoller wird (unten).

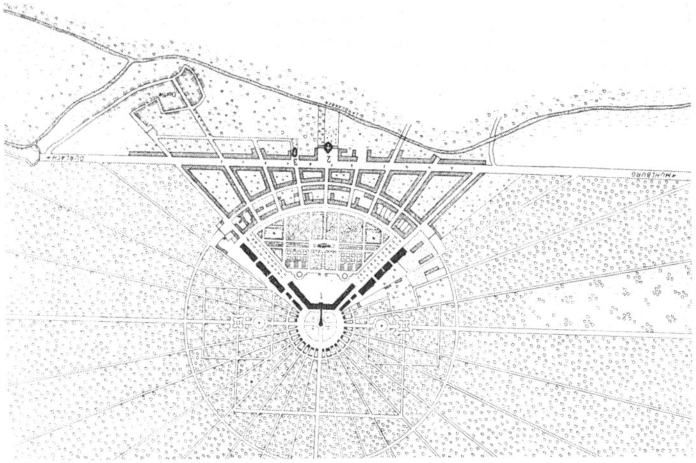

Divisiver Städtebau (hier: links oben: Karlsruhe; rechts, griechische Kolonialstadt: Priene) zeigt die Vorherbestimmung der Ganzheit, wobei sich die Elemente durch Teilungen ergeben.

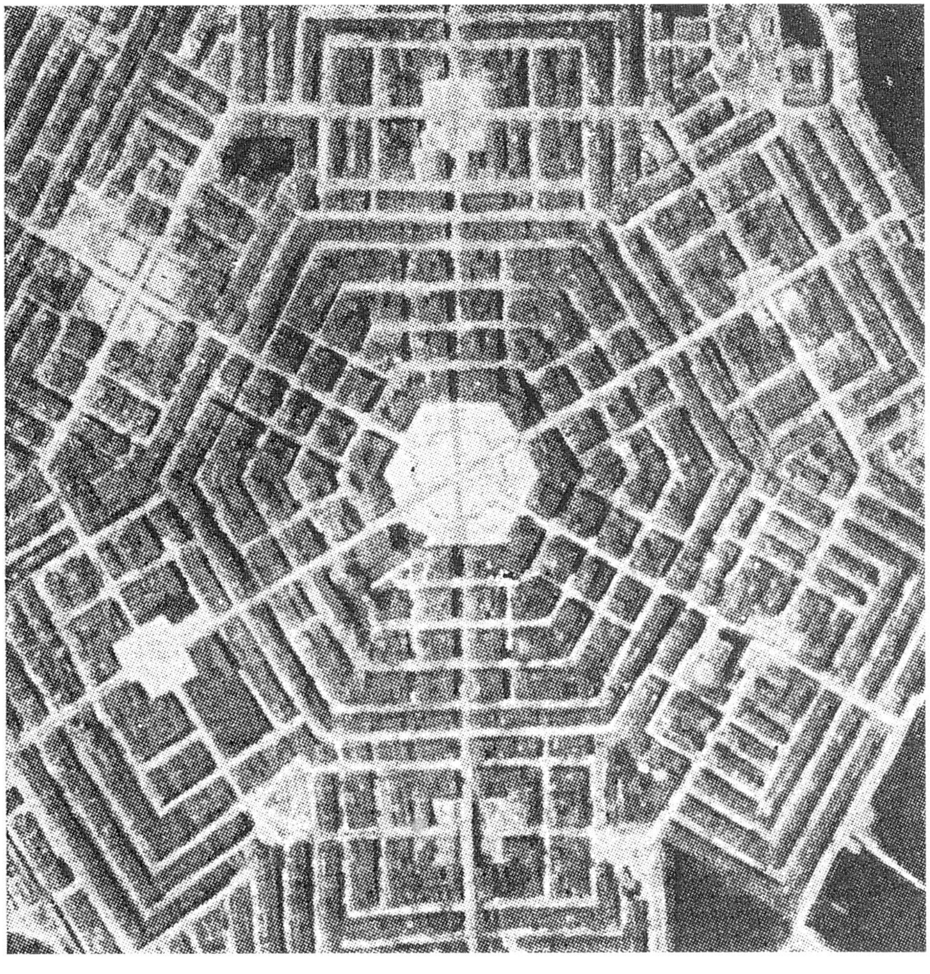

5.3 ÜBERLAGERNDES FÜGEN

Vorgehen: von einer einfachen zu einer vielschichtigeren Ganzheit. Die Ganzheit entsteht aus der Überlagerung zweier oder mehrerer Bezugs- oder Teil-Systeme.
Wie bereits angedeutet, können sich die beiden grundlegenden Handlungsmöglichkeiten beim Gestalten, nämlich
Addieren, d. h. vom Teil zur Ganzheit, und
Dividieren, d. h. von der Ganzheit zum Teil,
bei der Gestaltung eines einzigen Objektes überlagern.
Irgendwelche Überlagerungen von Teil-Systemen gibt es in jedem Bau: z. B. Überlagerungen von Trag-, Trenn-, Versorgungs-, Erschließungs-, Nutzungs-, Raum-, Form-, Ausbau- und Möblierungs-Systemen.
Es ist daher nur sinnvoll, von Überlagerung als dritter grundlegender Handlungsmöglichkeit zu sprechen, wenn sich gleichartige Teil-Systeme überlagern, z. B. eine Überlagerung von Ordnungs-Achsen oder Entwurfs-Rastern im Grund- oder Aufriß oder eine Überlagerung von verschiedenen Trag- oder Trenn-Systemen, von Versorgungs- oder Nutzungs-Systemen.
Überlagerung ist das Merkmal geschichtlicher Entwicklung.
An Jahrhunderte alten Bauten können sich Spuren aus den verschiedensten Stil-, Besitzer- oder Benutzer-Epochen üerlagern.
Mit Überlagerungen als grundlegender Gestaltungsmöglichkeit kann man daher künstlich Geschichte erzeugen.
Man kann die größere Vielschichtigkeit, die Mehrfachbezogenheit von Werken der Geschichte künstlich herzustellen versuchen.
Mehrfachbezogenheit, das bedeutet: mehrere Bezugsmöglichkeiten gleichzeitig, zwischen denen der Betrachter oder Benutzer wählen kann, Wahlfreiheit also, als entscheidendes Merkmal von Baugestaltungen, die durch bewußte Überlagerungen erdacht wurden.
Wahlfreiheit durch Mehrfachbezogenheit aus Überlagerungen sind auch das wichtigste Merkmal einer Stadtlandschaft.
Überlagerungen von grundlegenden Ordnungs-Rastern wurden daher verwendet für die Pläne von neuen wichtigen Stadt-Anlagen, wie z. B. Versailles, Wrens London-Plan, Washington, Philadelphia, Canberra und Neu-Delhi usw.

Die klar ablesbaren Gestaltungen der divisiven Ordnung und Unterordnung unter einen größeren Zusammenhang befriedigen mittels Wiedererkennen und leichter Orientierung das Bedürfnis nach Sicherheit. Das Überspielen und Überlagern dieser eindeutigen gebauten Zeichen zeigt den wahrnehmenden Sinnen Wahlmöglichkeiten und Mehrfachbezüge und somit bauliche Zeichen der Freiheit.
Immer wieder, wenn man eine besonders stimulierende Bau- oder Stadtbau-Form auf die Ursachen ihrer Reize zu analysieren beginnt, stößt man auf Überlagerungen aller Art.
Mit diesem Mittel versuchten daher Architekten aus allen Zeiten und Kulturkreisen einem wichtigen Grundbedürfnis des Menschen entgegenzukommen, seinem Freiheitsdrang.

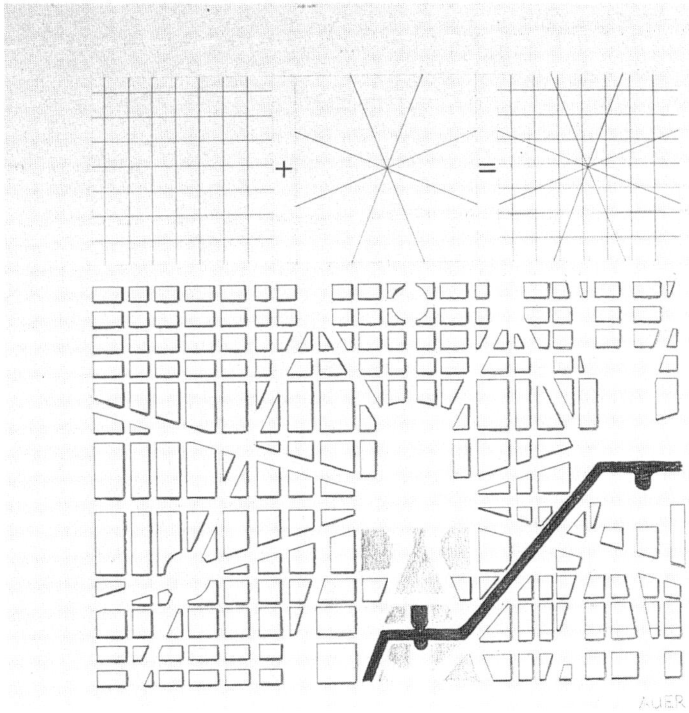
+
=
AUER

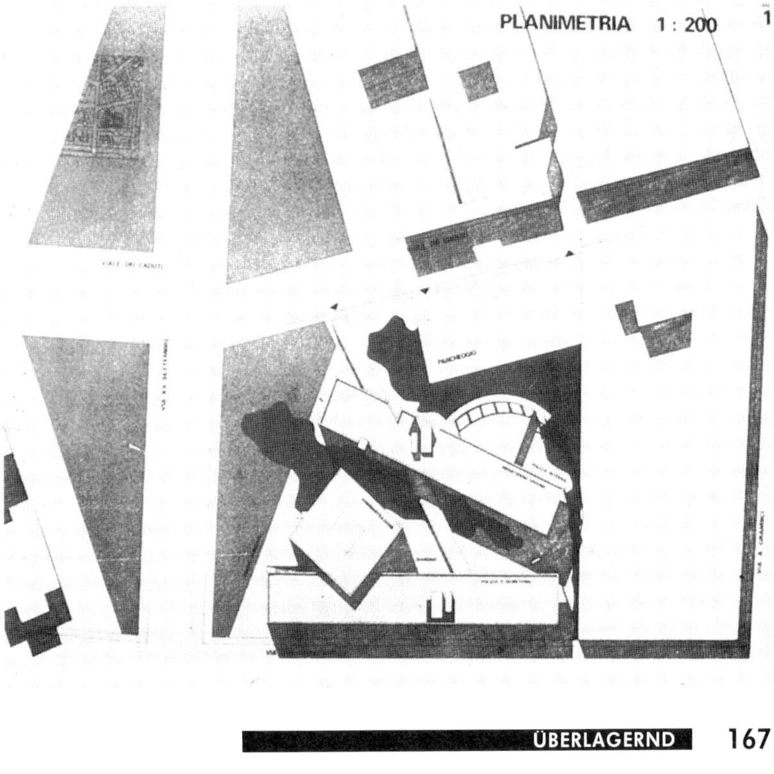
PLANIMETRIA 1 : 200
1

D
C

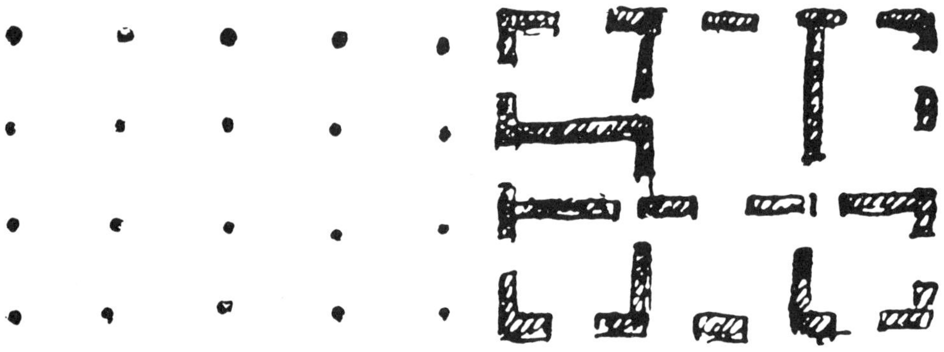

Le Corbusier . . .

1914/1926

Domino-Konzept und 5 Punkte
einer neuen Architektur

Manifest
über das freie Überlagern von
Tragen
und
Trennen

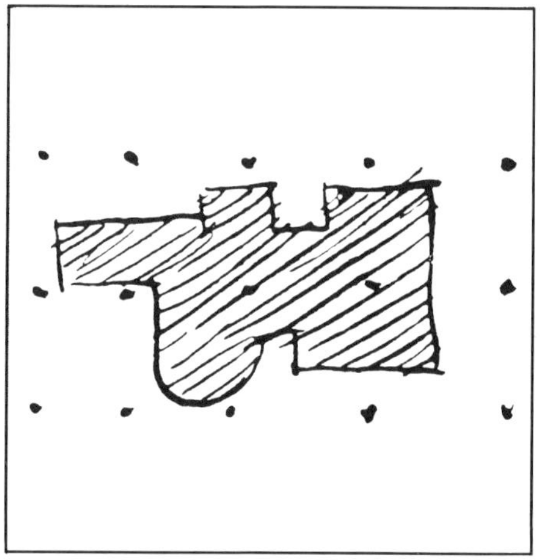

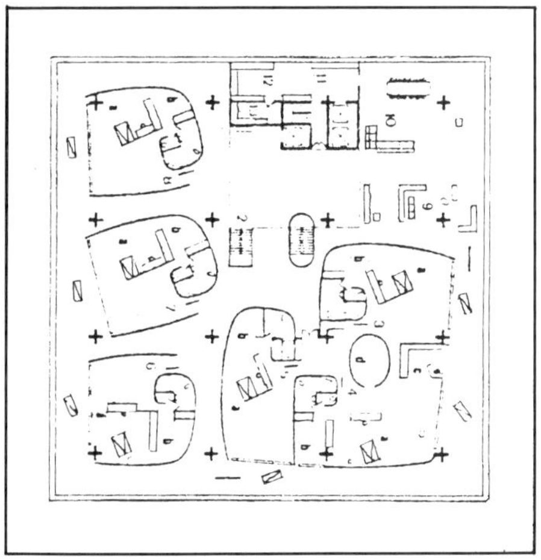

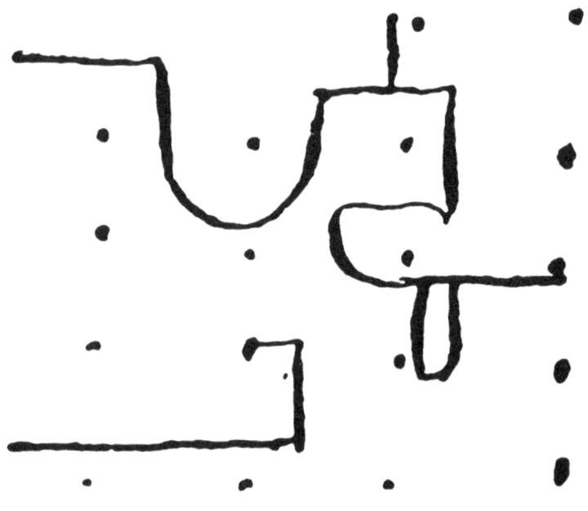

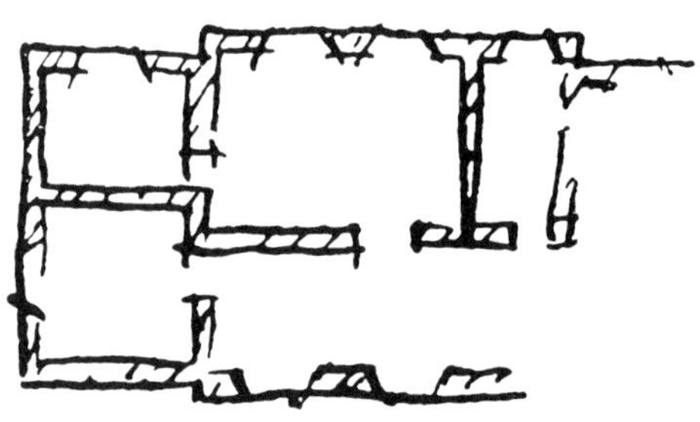

. . . und späte Nachfolge

John Hejduk (1966/70)

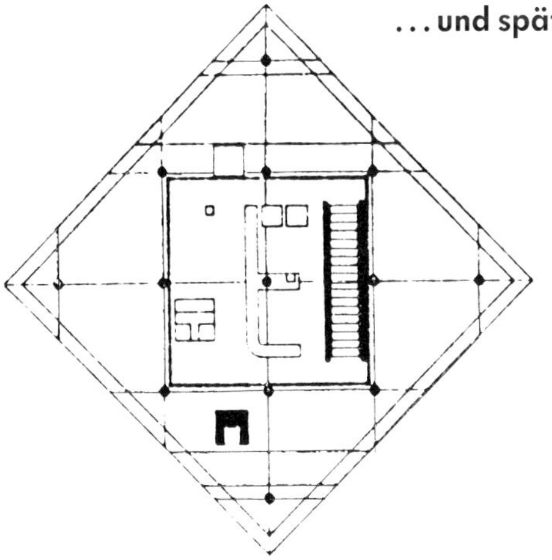

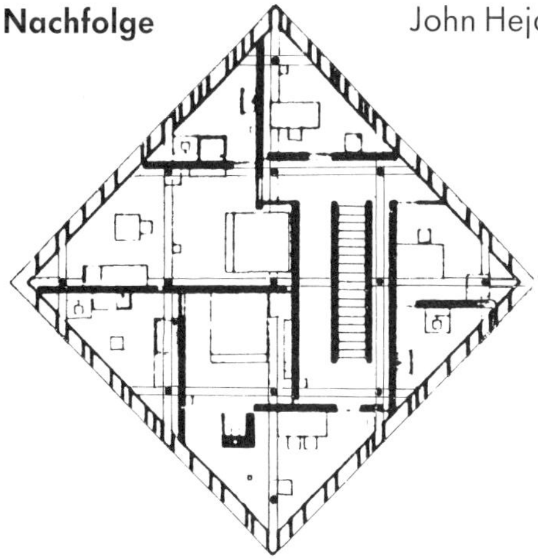

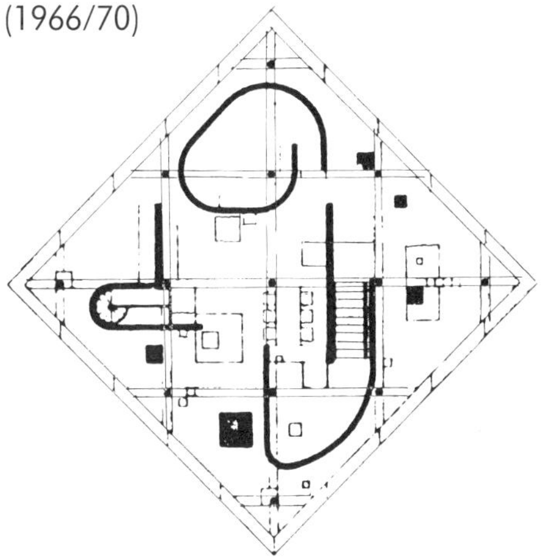

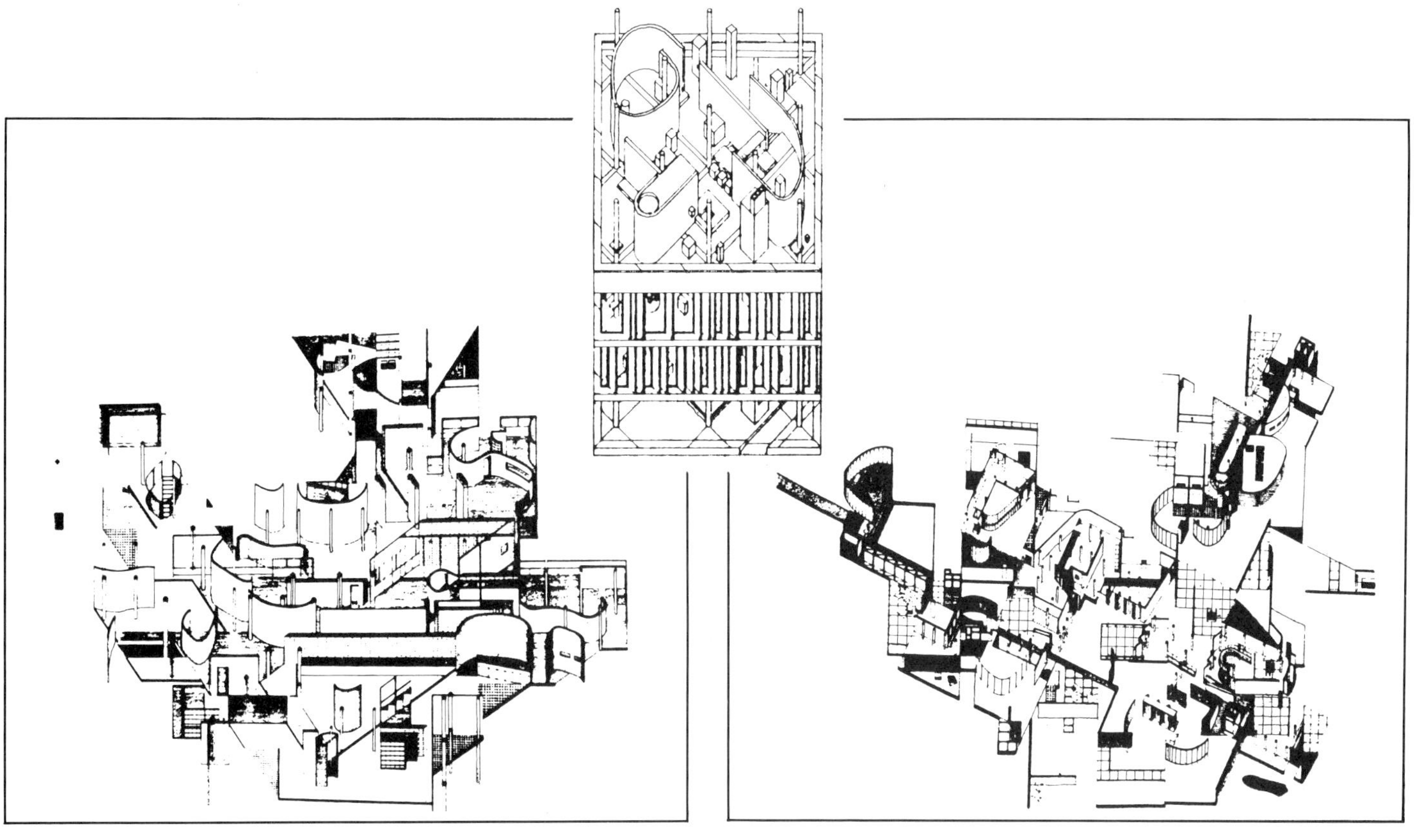

Überlagerungen bei der Raum-Gestaltung

Überlagerung von Räumen und Raum-Zonen als Mittel, differenziertere Raum-Gestalten zu erzielen.

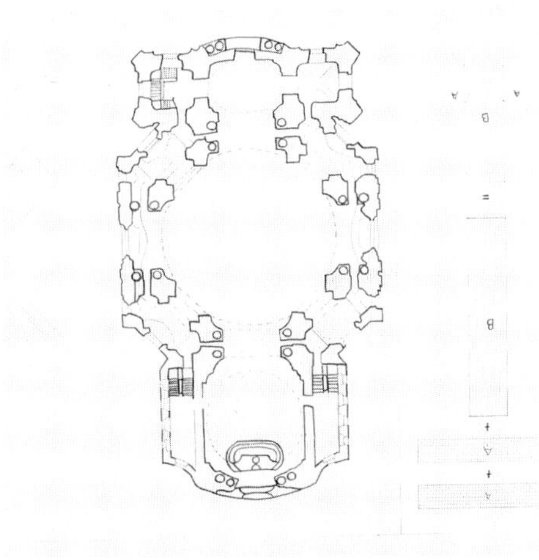

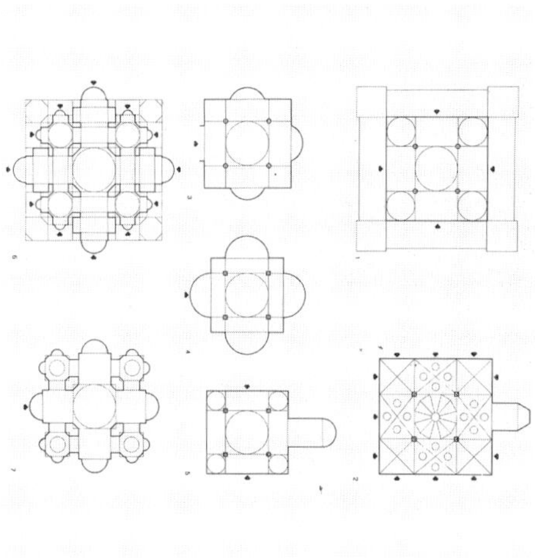

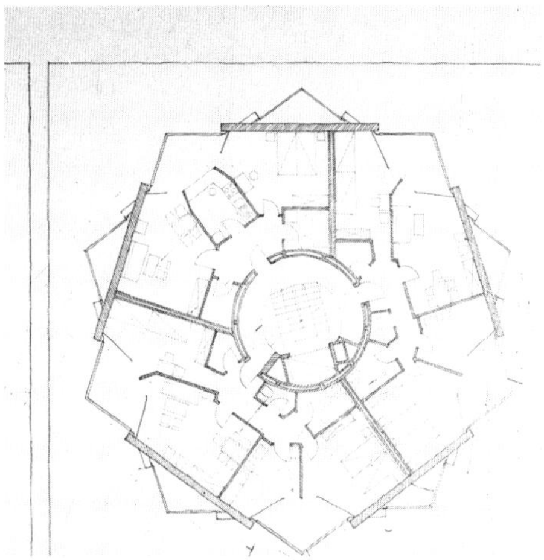

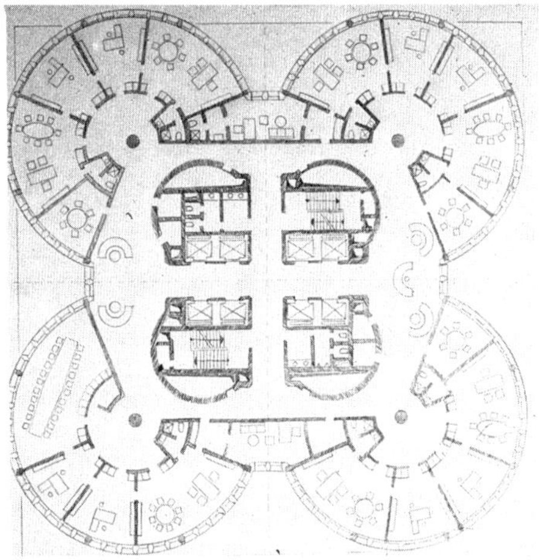

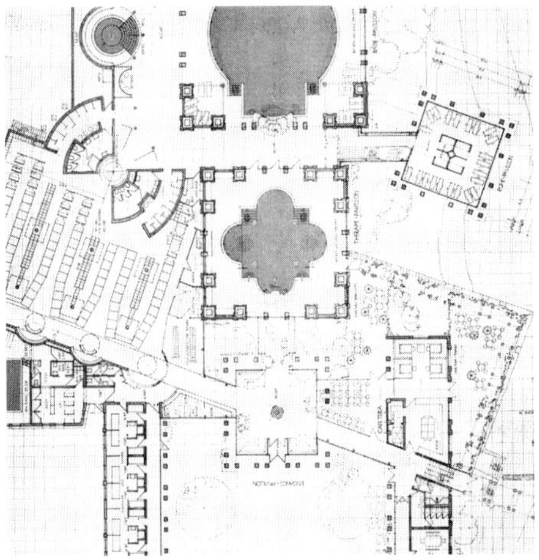

Überlagerung von Ordnungs-Achsen beim Thermalbad Aalen (Entwurf: Verfasser) sowohl zur besseren räumlich-funktionalen Zuordnung der Elemente, als auch um die Vielgestaltigkeit zu fördern und die starre Symmetrie aufzulockern.

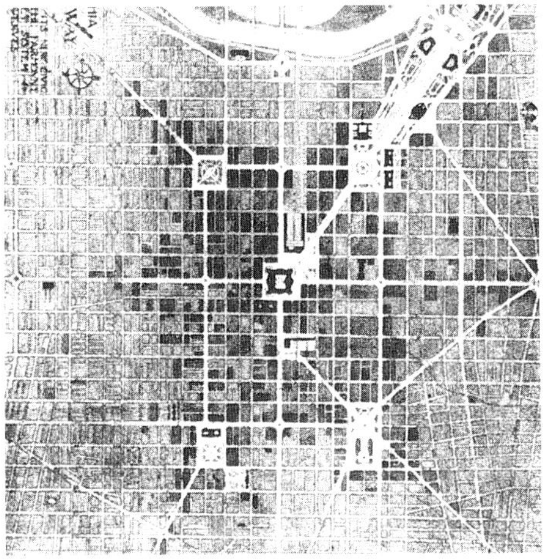

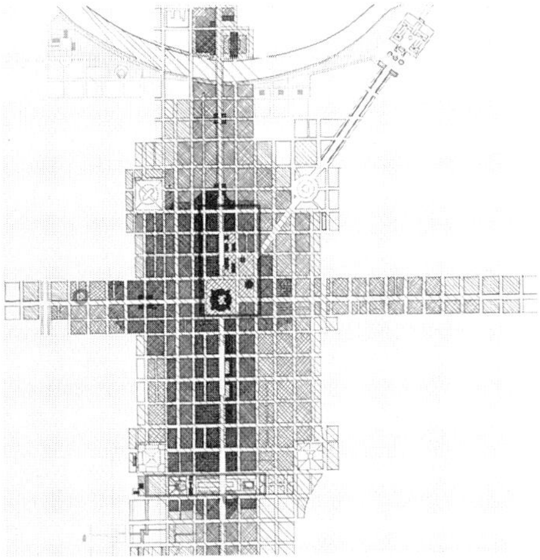

Überlagerungen in der Stadtplanung als Versuch, sich der Komplexität gewachsener Stadt-Muster künstlich anzunähern.

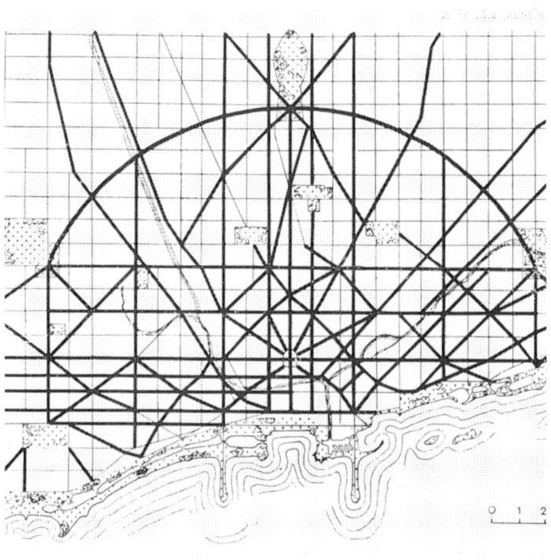

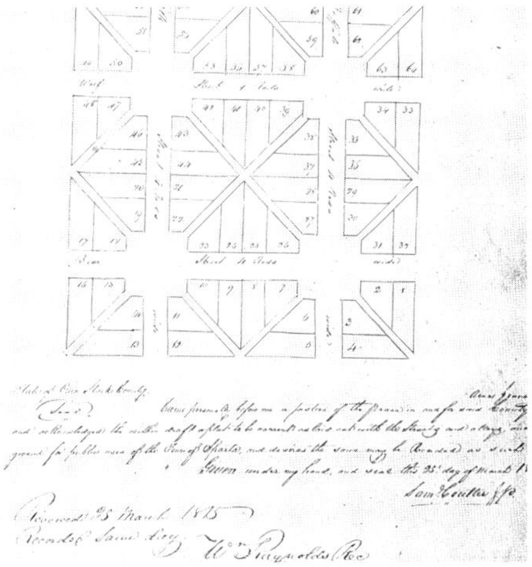

Überlagerung im wörtlichen Sinne: z. B. durch Spiegelungen, Collagen, Frottagen usw. führen rasch zu interessanten vielschichtigen graphischen Gestaltungen.

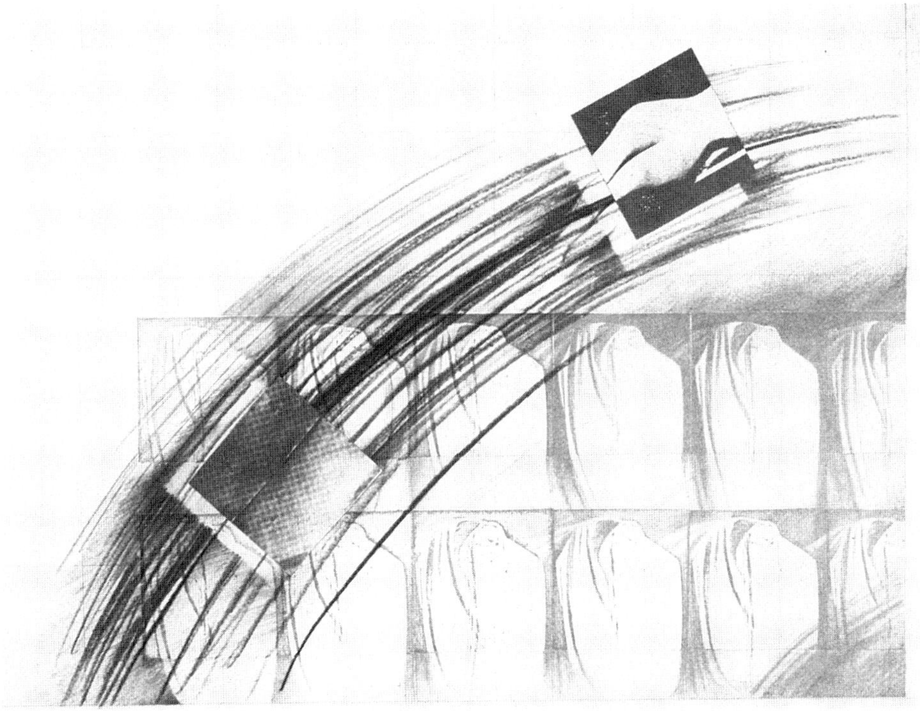

Überlagerungen vom Bau + Baum – von Natur und Architektur – führt meist zu einer Steigerung von beiden.

Überlagerung von Primär- und Sekundärformen, von Konstruktion und dekorativen Elementen, zur Bereicherung der Bau-Gestalten.

Die Überlagerung bzw. Überkrustung der bedienten Räume durch die bedienenden Erschließungs- und Versorgungselemente und der tragenden Konstruktion wird hier bewußt gesucht, um den Merkmalsreichtum der Baugestalt zu maximieren.

Ähnliche Motivationen bestimmten die Überlagerung von Alt und Neu an diesem Umbau auf dem Universitätsgelände in Princeton.

6 Gestaltungs-Regeln

1 Höhere Ordnung entsteht nur durch Einordung
Besonders in der Stadt baut man heute fast immer in einen von Menschen schon irgendwie gestalteten Kontext, in ein Ensemble aus natürlichen oder künstlichen Elementen hinein. Alt und neu sollen sich dabei nicht feindlich gegenüberstehen, sondern sich ergänzen, sich aufaddieren, sich bereichern oder vervollständigen, so daß beide zusammen eine gegliederte, aber doch zusammenhängende Gruppierung, Ganzheit, Übersumme oder ‹Gestalt› bilden.
Das gewaltig gestiegene Potential an Vorbildern und damit an Wahlmöglichkeiten, durch Verbreitung von Bild und Buch, Funk und Fernsehen, auch in bezug auf Bautechnik, Baumaterialien und Ausrüstungs-Technik, bilden in unserer Zeit eine nie gekannte Bedrohung für die Einheitlichkeit der Erscheinung eines Hauses, einer Straße, einer Stadt.
Gestalten verlangt heute daher ganz bewußte, verstärkte Beschränkung und Anpassung an die bereits vorhandenen Elemente der näheren Umgebung, so daß alles Hinzugefügte nur noch Brücke sein dürfte zur Verklammerung, Verbindung des Vorhandenen mit dem Hinzugefügten.

2 Form als Diagramm der Kräfte
Die Bauformen eines alten Hauses, Dorfes oder einer Stadt sind unter ganz anderen Lebens-, Wirtschafts- und Fertigungsbedingungen entstanden als die heutigen.
Die charakteristischen Merkmale:
Handarbeit mit individueller Detail-Gestaltung,
Werkzeug-Armut und Material-Beschränkung
haben sich zum Gegenteil verändert.
Wirkliches Bewahren einer Tradition heißt jedoch nicht Erstarren und Einsargen des Bestandes, sondern Offenhalten der Zukunft. Das lateinische Wort ‹Tradition› heißt Weitergabe.
Formen (auch Bauformen) sind immer nur Diagramme der Kräfte ihrer Zeit.
Die Bauformen unserer Zeit müssen genauso selbstverständlich die Kräfte unserer Zeit ausdrücken dürfen, wie es die vergangener Zeit getan haben. Langfristig können die Bauformen nicht durch Verordnungen, Erlasse und Gesetze daran gehindert werden, ihre anderen Entstehungsbedingungen auch nach außen deutlich auszudrükken – ohne daß das Leben (= Veränderung) behindert wird.
Leben = Veränderung
Leben bejahen = Veränderung bejahen = veränderte Bauformen akzeptieren.

3 Konflikt zwischen Anpassung und Selbstdarstellung
An diesen beiden gegensätzlichen Forderungen, einerseits nach Einordnung, Einfügung in das vorhandene Umfeld, andererseits nach Ausdruck der heutigen Kräfte und zeitbedingten Bauformen, wird der Konflikt ganz deutlich, dem sich der heute Bauende gegenübersieht.
Nicht durch das Festschreiben eines bestimmten geschichtlichen Entwicklungszustandes mittels Verordnungen und Gesetzen werden gute Lösungen erreicht. Solche Versuche des Einfrierens eines wesentlichen Bereiches unseres Lebens führen nur zu aufgezwungenen und toten Kopien.
Zur Lösung des aufgezeigten Konfliktes bedarf es eines dritten Weges zwischen totaler Anpassung und völligem Gegensatz: das Aufnehmen vorgefundener Qualitäten, ohne die Forderungen der Gegenwart zu verleugnen.
Für das Gelingen der Integration aus alt und neu braucht es das Akzeptieren und Hinhören, was das Bestehende zu sagen hat, ohne sich ihm anbiedernd zu unterwerfen.
Für solch ein wirklich zu seiner Umgebung passendes Bauwerk ist das richtige Planen = Vorausplanen der Funktionsabläufe nur die eine Hälfte. Die andere notwendige Hälfte besteht aus dem sorgfältigen ‹Re-agieren›.
Nicht der Schreibtisch-Einfall, sondern die handfeste Auseinandersetzung mit der Materie, mit der Funktion, mit der Situation, mit dem vorhandenen Baustil und ortsüblichen Material läßt den so entstehenden Neubau zu einem Teil des Ganzen werden, zu einer Art Schlußstein in einem weitgehend schon festgelegten Gefüge. Das Ganze ist dann mehr als nur die Summe der Teile – nämlich eine ‹Gestalt›, in der die einzelnen Bauten ihre Eigenart und ihre eigene Zeit nicht verleugnen.
Anstelle der allzu beschränkten ortsgebundenen Gestaltungs-Satzungen, mit denen bis heute oft einige Gleichartigkeiten (z. B. der Dachneigung oder Materialbindung) erzwungen werden, könnten dem Bauwerber mehrere Wahlmöglichkeiten aufgezeigt werden zur Erreichung des Zieles, welches heißt:

> Mehr Gestalt-Qualität durch mehr Ähnlichkeiten oder Gleichartigkeiten.

Mittels Verordnung und Erlaß wird man auf die Dauer weniger guten Willen als vielmehr Widerwillen erzeugen.

Wenn es gelingt, durch Aufzeigen der gestalterischen Gesetzmäßigkeiten und deren Anwendung die an der Bauplanung und -ausführung Beteiligten davon zu überzeugen, daß dieses Mehr an Gestalt-Qualität oft durch Beachten nur einiger weniger Grundsätze erreicht werden kann und daß dies nicht mit Mehrkosten verbunden sein muß, könnte dieser Weg der Einsicht erfolgversprechender sein als der Weg der Gesetze und Verordnungen.
Wie aber kann man, wenn nicht mit gesetzlicher Hilfe, die scheinbar paradoxen Forderungen erfüllen:
Neu-Bauten von heute ebenfalls Abbild der Kräfte unserer Zeit sein zu lassen, sie aber gleichzeitig mit den unter ganz anderen wirtschaftlichen und gesellschaftlichen Kräften entstandenen Alt-Bauten zu einer Ganzheit, ‹Übersumme› oder Gestalt zu verbinden?

Der erste Schritt ist die Unterscheidung der wichtigsten die Bauerscheinung prägenden Merkmale:

Farbe
Material bzw. Eigenfarbe
Kunstfarbe
Form
Formen der Ganzheit
Formen der Teile (Details)
Größe
Proportionen, Längen-, Breiten- und Höhenverhältnisse des Ganzen und der Teile zum Ganzen
Textur
Teiligkeit, Feinkörnung der Fassaden
Differenziertheit der Räume, Baukörper, Fassaden, Details

Der zweite Schritt ist die Untersuchung der Wechselwirkung dieser Merkmale.
Wie viele und welche dieser Merkmale dürfen sich vom Bestand unterscheiden, welche und wie viele müssen gleichbleiben, damit eine neue Baumaßnahme sich eingliedert, unterordnet bzw. als gestalterische Brücke zwischen schon bestehenden Bauten erscheint?

Zehn Regeln zur Stärkung des Zusammenhangs zwischen Neubau und Baubestand = Erhöhung der Gestalt-Qualität

Aus allen 10 Regeln folgt allgemein:
Ähnliches
Gleichartiges
Verbindendes
muß stets dominieren über
Verschiedenartiges
Ungleiches
Trennendes
damit das Prinzip der Gleichartigkeit oder Übersummenhaftigkeit, d.h. die Ganzheit aus alt und neu oder eine gewisse Zusammenhangs bzw. Gestalt-Qualität, gesichert ist.
Dabei spielt es keine Rolle, mit welchen Merkmalen dieses Übergewicht an Gleichartigkeit erreicht wird. Die verschiedenen Faktoren sind nach der jeweiligen Situation austauschbar.
Nur grundsätzlich gilt und ist besonders zu beachten:

daß Farbe immer über Form dominiert.

Gleichartigkeiten oder Ungleichartigkeiten der Farbe bzw. des Materials mit seiner Eigenfarbe spielen also eine dominierende Rolle bei der Wahrnehmung von Gestalten.
Besonders schwierig ist die Farbgestaltung an Bauten, da unsere Wahrnehmungssinne nicht unterscheiden, ob die insgesamt wahrgenommene Differenzierung allein mit Farben oder nur mit Formen oder mit Farben und Formen erreicht wurde.
Eine sehr formenreiche Architektur z.B. verlangt nach möglichst einheitlicher Farb-Gestaltung, wogegen eine höchst einheitliche relativ undifferenzierte bauliche Gestaltung etwas mehr stimulierende Farbkontraste bzw. Farbreize verträgt.
Im folgenden einige relativ sichere ‹Rezepte› zur besseren Handhabung oder Kontrolle der oft so schwierigen farblichen Baugestaltung nach Paul Renner:
Mehr Gleichartigkeit, Ordnung und Harmonie der Farben durch 6 Regeln zur wechselseitigen Abhängigkeit der drei wichtigsten Farb-Merkmale

Farbrichtung, Reinheit, Helligkeit.

Alle diese ‹Rezepte›, die 10 Regeln zur gleichartigen Baugestaltung und die 6 Regeln zur sicheren Farbgestaltung, sind nur eine relativ grobe praktische Handlungshilfe.
Viele Feinheiten oder gegenseitige Wechselwirkungen noch feiner aufgegliederter Merkmale müssen in diesem Rahmen vernachlässigt werden.

1 **Verschiedenartigkeit der Farben**

Aufgewogen durch
Gleichartigkeit von
Formen
Größen
Texturen

Nicht aufgewogen durch
Gleichartigkeit von
Formen
Größen
Texturen

2 **Verschiedenartigkeit der Formen**

Aufgewogen durch
Gleichartigkeit von
Farben
Größen
Texturen

Nicht aufgewogen durch
Gleichartigkeit von
Farben
Größen
Texturen

3 **Verschiedenartigkeit der Größen**
Aufgewogen durch
Gleichartigkeit von
Farben
Formen
Texturen

Nicht aufgewogen durch
Gleichartigkeit von
Farben
Formen
Texturen

4 **Verschiedenartigkeit der Texturen**
Aufgewogen durch
Gleichartigkeit von
Farben
Formen
Größen

Nicht aufgewogen durch
Gleichartigkeit von
Farben
Formen
Größen

6 Verschiedenartigkeit der Farben und Formen

Gemildert durch
Gleichartigkeit von
Größen
Texturen

Nicht gemildert durch
Gleichartigkeit von
Größen
Texturen

5 Verschiedenartigkeit der Farben und Größen

Gemildert durch
Gleichartigkeit von
Formen
Texturen

Nicht gemildert durch
Gleichartigkeit von
Formen
Texturen

7 **Verschiedenartigkeit der Farben und Texturen**
Gemildert durch
Gleichartigkeit von
Formen
Größen

Nicht gemildert durch
Gleichartigkeit von
Formen
Größen

8 **Verschiedenartigkeit der Formen und Größen**
Gemildert durch
Gleichartigkeit von
Farben
Texturen

Nicht gemildert durch
Gleichartigkeit von
Farben
Texturen

9 Verschiedenartigkeit der Formen und Texturen

Gemildert durch
Gleichartigkeit von
Farben
Größen

Nicht gemildert durch
Gleichartigkeit von
Farben
Größen

10 Verschiedenartigkeit der Größen und Texturen

Gemildert durch
Gleichartigkeit von
Farben
Formen

Nicht gemildert durch
Gleichartigkeit von
Farben
Formen

Beispiele zu den Rennerschen Regeln

1 Gegensätze der Farbrichtung,
gemildert durch ähnliche Helligkeit und Reinheit.

2 Gegensätze der Helligkeit,
gemildert durch ähnliche Farbrichtung und Reinheit.

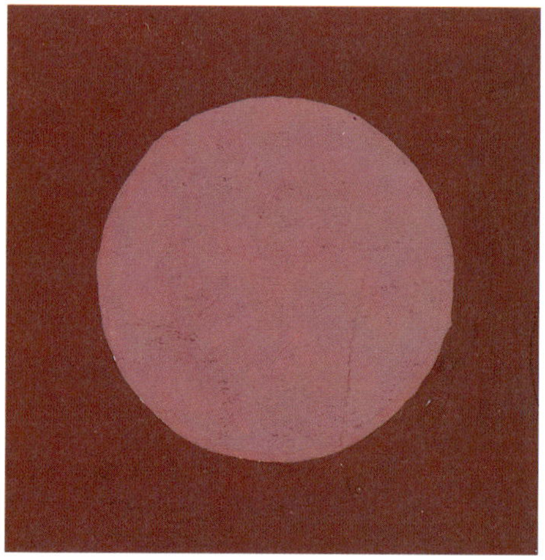

3 Gegensätze der Reinheit,
gemildert durch ähnliche Farbrichtung und Helligkeit.

4 Gegensätze der Farbrichtung und Helligkeit,
gemildert durch ähnliche Reinheit.

5 Gegensätze der Farbrichtung und Reinheit, gemildert durch ähnliche Helligkeit.

6 Gegensätze der Helligkeit und Reinheit, gemildert durch ähnliche Fabrichtung.

Literaturhinweise

Grundlegende Begriffe

Ordnung und Harmonie der Farben
Paul Renner, Otto-Maier-Verlag, Ravensburg 1964

Das Bild als Schein der Wirklichkeit
Herbert Schober/Ingo Rentschler, Moos-Verlag, München 1972

Gesetze des Sehens
Wolfgang Metzger, Verlag Waldemar Kramer, Frankfurt 1975

Kunst der Farbe (Studienausgabe)
Johannes Itten, Otto-Maier-Verlag, Ravensburg 1971

Wahrnehmungspsychologie
Anton Hajos, Kohlhammer-Verlag, Stuttgart 1972

Sprache des Raumes
E. T. Hall, Verlag Schwann, Düsseldorf 1976

Räumliche Umwelt
Lenlis Kruse, de Gruyter-Verlag, Berlin 1974

Grundlegende Handlungsmöglichkeiten

Anschauliches Denken
Rudolf Arnheim, Dumont Buch-Verlag, Köln 1980

Die Dynamik der architektonischen Form
Rudolf Arnheim, Dumont Buch-Verlag, Köln 1980

Architektur für den ‹Einprägsamen Ort›
Kent. C. Bloomer, Charles W. Mooere, DVA, 1980

Das Bild der Stadt
Herausgeber Ulrich Conrads, Ullstein-Verlag, Frankfurt 1965

Ordnungshilfen

Zwei Vorträge über Proportionen
Theodor Fischer, Oldenburg-Verlag, München/Berlin 1934

Der Modulor
Le Corbusier, DVA Stuttgart 1978

Lehrbuch der Harmonik
Hans Kayser, Occident-Verlag, Zürich 1950

Sachverzeichnis